"十四五"普通高等教育本科部委级规划教材

服装实用技术·应用提高

男装 结构设计

原理与技巧

JIEGOU SHEJI

YUANLI YU JIQIAO

柴丽芳 ◎ 著

中国纺织出版社有限公司

内 容 提 要

本书介绍了近现代男装的起源与结构变化，分析了各类男装（T恤、衬衫、裤子、外套、大衣、西装、棉衣）及男装常见部件的结构设计要点与纸样处理方法。书中实例贴近目前男装市场的流行款式，特别是对各类针织男装和休闲男装进行了结构分析与纸样制作，力图通过时尚的款式实例，使读者对男装款式结构与纸样处理方法有更加清晰全面的认识。

全书图文并茂，内容翔实丰富，针对性强，具有一定的学习和研究价值，不仅适合高等院校服装专业师生的教学，也可供服装从业人员、研究者参考使用。

图书在版编目（CIP）数据

男装结构设计原理与技巧／柴丽芳著 . -- 北京：中国纺织出版社有限公司，2023.4

"十四五"普通高等教育本科部委级规划教材 . 服装实用技术·应用提高

ISBN 978-7-5229-0024-7

Ⅰ. ①男… Ⅱ. ①柴… Ⅲ. ①男服 － 服装结构 － 服装设计 － 高等学校 － 教材 Ⅳ. ① TS941.718

中国版本图书馆 CIP 数据核字（2022）第 206942 号

责任编辑：李春奕　　责任校对：高　涵　　责任印制：王艳丽

中国纺织出版社有限公司出版发行
地址：北京市朝阳区百子湾东里 A407 号楼　邮政编码：100124
销售电话：010—67004422　传真：010—87155801
http://www.c-textilep.com
中国纺织出版社天猫旗舰店
官方微博 http://weibo.com/2119887771
三河市宏盛印务有限公司印刷　各地新华书店经销
2023 年 4 月第 1 版第 1 次印刷
开本：787×1092　1/16　印张：12.5
字数：200 千字　定价：49.80 元

目录
CONTENTS

053　第三章　男装基本纸样与制图方法

175 第八章　男装综合结构设计

191 参考文献

第一章

PART 1

绪论

男装结构设计是以男性的生理特征和社会特征为研究对象进行服装结构设计、板型处理和纸样绘制的一门学科。学习男装结构设计，应具备一定的服装结构设计基础知识，包括人体与服装的关系、人体测量与号型标准知识、服装结构设计基本原理与系统设计方法等。

服装纸样的轮廓结构、长度与松量设计、内部结构设计（省、褶、分割线等）、部件设计等技术原理在男装和女装上是通用的，因此男装与女装结构设计的规律、分析方法和设计思路相同。但由于着装主体有着不同的体型和行为活动特点，社会对性别角色的期望也不相同，所以男装结构设计的重点和技巧与女装有明显的差别。另外，由于生产技术水平、社会生活水平和地理环境、文化背景的影响，不同历史时期、不同地区和文化的男装呈现出不同的风貌。与女装相比，男性的整体时尚更迭周期更长，波动缓慢，具有明显的礼仪等级性、实用功效性和稳定传承性。

在研究男装结构设计时，不妨采用比较学的研究方法，与女装结构设计体系对照进行，彼此区别或印证，有利于进一步掌握服装结构设计的要旨。男装与女装在结构设计上的差别表现在：

（1）在生理学层面上，男性与女性的性别差异表现在男、女人体骨骼以及肌肉、身体比例、体态等的外在区别。

（2）在社会学层面上，男性在社会分工和传统社会角色期望等影响下，对服装的属性诉求与女装不同，更偏重于实用性和舒适性。

（3）在心理学层面上，男性的性格特征和审美习惯与女性有较大差异，造成男装款式设计和结构设计的重点不同于女装。

现代男装的主体部分都是从近代男装着装文化中发展而来的。因此，在学习男装结构设计的具体方法前，必须了解男装的发展历史和经典款式，同时对男性的心理习惯、审美意识、社会分工和体型差异等性别特征进行分析，以此作为后续工作的首要考虑要素和工作基础，才能使男装结构设计科学合理，符合客观规律的要求。

第一节　近现代男装的发展演变与礼仪等级文化

一、概述

近现代男装的时间起点是在17世纪后半叶。在17～18世纪法国启蒙运动和法国大革命的影响下，男装从华丽繁复变得简洁、理性、平等、务实，呈现出制服的实用主义风格。与女装相比，近现代男装款式简单实用，礼仪等级语义更强。根据时间和社交场合的等级，男装被相应地赋予了不同的等级色彩（表1-1）。

表1-1　TPO因素与男装的礼仪等级

时间	正式场合	半正式场合	商务场合	休闲场合
昼间（傍晚6:00前）	佛若克外套套装 或晨礼服套装	黑色套装	西服套装	其他服装
夜间（傍晚6:00后）	燕尾服套装 （白领结装束）	塔士多套装 （黑领结装束）	—	其他服装

　　首先，在时间上，以傍晚6点为分界线，分为昼间和夜间两个时段，各有适穿的礼服。其中由于夜间是社交的黄金时段，所以夜间礼服的正式等级和规格形制体现出的华丽严整程度要高于昼间礼服。

　　其次，在场合和地点上，可分为正式、半正式、非正式（商务）和休闲场合。正式场合包括婚礼、国宴、国家典礼、正式舞会、皇家事务等；半正式场合包括剧院演出、慈善舞会或一般级别的庆典等；非正式场合为商务会议、普通社交场合、工作场合等；休闲场合指家居、运动、旅游或普通外出等私人场合。根据不同的场合，分别有正式礼服、半正式礼服、商务服装和休闲服装四个等级。

　　资料显示，近现代男装是由1660年代至1790年代的一种紧身长外套"Justacorps"（或"Justaucorps"，一般译作"裘斯特克"）变化而来。在演变的过程中出现了佛若克、佛若克外套、燕尾服、晨礼服、塔士多等正装大衣或外套。

　　人们普遍的审美习惯以大、多、繁、细为贵，因此礼仪服装与日常服装的区别一般体现在面料更华丽，款式更复杂，裁剪更贴身，工艺更精湛，装饰更繁复。然而受社会形态、工业化发展和人们生活方式改变的影响，近现代男装演变的整体趋势是去装饰化、简便化和功能化。那些在旧的礼仪等级中处于较低水平的服装，由于穿着起来更加舒适而发展成为新的常见礼仪服装，呈现出礼服品级低阶化的特征。到了现代，燕尾服、晨礼服等正式级别很高的尾式结构礼服在普通人的生活中绝迹，即使半正式礼服——塔士多套装也仅在一些庆典上出现。取而代之的是带有休闲风格和款式要素的男装逐渐步入商务和社交领域，男装的等级边界逐渐模糊和交融。

　　然而，男装发展历程中出现的经典款式对现代男装有着深刻的影响，其审美意象、气质风貌决定了现代男装，特别是正式社交服装的整体风格，诸如领子、袖子、口袋、分割线等款式细节的配置，由于广受人们的喜爱，成为现代男装常见款式中不可缺少的组成部分。男装设计具有的规则性、稳定性和保守性特点，使男装产品的款式开发需要遵循一定的文化语法，是熟知男装文化后运用一定的现代观念进行重新诠释的传承式设计。因此，本节从历史起源和服装穿用场合，对常见的男装上衣进行简要介绍和分析，以便学习者对正装和休闲装文化有初步的了解，对男装历史上的经典款式结构建立一定的认知。

二、近现代正装上衣

（一）裘斯特克

裘斯特克这种外套（图1-1）与同样长度的马甲，下身搭配马裤组成一套装束，成为现代三件套西装的原型。初期的裘斯特克衣料华贵，装饰较多。外套长度及膝，前门襟从领口到下摆扣子密集，日常不用系扣。从外观看，还存有17世纪以前贵族华丽服装的影响。衣身的上身部分合体，衣摆的部分有时较小，有时大至圆裙的廓型。袖子合体，袖口翻折。衣身上附有口袋，但口袋的位置与现代的口袋相比很低，功能性较弱。

（二）佛若克（Frock）

佛若克（图1-2、图1-3）是源于17~18世纪的牧羊人、工人、农民等劳动阶层的外套，特点是较为宽松，没有过多装饰，腰部没有分割线。佛若克出现的原因是裘斯特克外套过于华丽，运动不便，因此这种较为简便的半正式服装变为常见服装，到18世纪末的时候演变出从前门襟腰线向后片斜向剪裁的方式，初期的斜向裁剪弧度并不明显，但随着时间的变化，特别是骑马运动的需要，裁剪的面积和弧度变大，整个前片腰部以下的衣摆都被裁剪掉，成为骑马外套，最终发展出尾式结构外套体系，包括最常见的晚礼服（Dress Coat）和晨礼服（Morning Coat）。

图1-1　早期的裘斯特克[1680年代路易斯·弗朗西斯科·德·拉·塞尔达（Luis Francisco de la Cerda）油画像]

图1-2　早期的佛若克[1760年代查尔斯·布莱尔（Charles Blair）油画像]

图1-3　佛若克款式结构图

（三）晚礼服

晚礼服（图1-4）起源于18世纪末，约19世纪初时服饰搭配形制基本固定下来，成为上层社会晚间社交场合的男性礼仪服装。在19~20世纪之交，人们以晚礼服外套为主体，建立了"白领结"（White Tie）着装体系，以具有代表性的白色领结为全身装束的代称，与"黑领结"（Black Tie）的塔士多西服着装体系相区别。

晚礼服属于尾式结构外套，最大的特点是前身腰线到后片下摆是截断式的尾式结构，后片中间开衩，形似燕尾，所以又称为燕尾服。燕尾服的衣长、

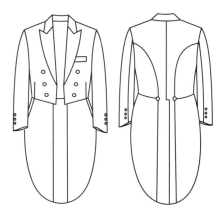

图1-4　晚礼服款式结构图

廓型、领型、扣子个数随流行而变化，但总的来说都有收腰处理，后摆至膝盖附近，领型常见戗驳领。扣子的个数从双排八粒扣、六粒扣（装饰扣），变化到标准的双排两粒扣。

（四）佛若克外套（Frock Coat）

佛若克外套（图1-5~图1-7，与佛若克仅名称相同，款式不同）源于19世纪初拿破仑战争时期的军服，在整个19世纪是最常见的白日礼服，20世纪初期至30年代逐渐消失。佛若克外套的款式特点是合体、长度及膝、翻驳领、腰线分割线略高，衣摆呈水平状，没有尾式结构。佛若克外套有单排扣和双排扣两种形制，双排扣佛若克外套的正式级别较高，搭配戗驳领和马甲，在1860年代前搭配黑色西裤，后来搭配灰色细条纹西裤。到了19世纪末期的时候，佛若克外套在款式和裁剪上出现了一些款式特征，例如在翻驳领的边缘分割出一条与衣身面料一样的宽边，出现了腰线分割线，并进行了明显的收腰处理。佛若克外套还有很多非正式的款式，领型、扣子个数、衣长等都可以变化。

图1-5　1860年代的佛若克外套［安德鲁·柯廷（Andrew Curtin）照片］

图1-6　1910年的服装广告
——晨礼服与佛若克外套

图1-7　佛若克外套款式结构图

（五）晨礼服

晨礼服（图1-8、图1-9）出现于1880年代，起源于骑马服，初期属于运动服装，不具有礼服属性。但随着流行的增长，晨礼服逐渐取代佛若克外套的地位，在1930年代正式成为白日礼服。晨礼服裁剪合体，翻驳领，前门襟从腰部到后片衣摆为大圆弧形，衣身在腰线处有分割线，后背中心有开衩。不同时期的晨礼服在扣子个数等款式细节上存在差别。

图1-8　晨礼服（1910年出版的书刊上的
插图）

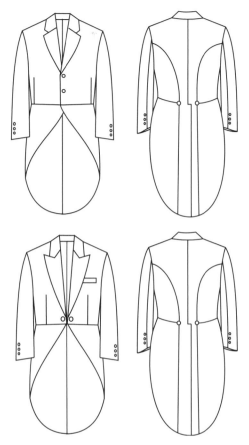

图1-9　晨礼服款式结构图

（六）塔士多外套（Tuxedo）

　　无尾式晚礼服出现于1865年，在1880年代形成了以塔士多外套为核心的黑领结半正式礼服着装标准。塔士多外套的款式特点是衣长及臀，缎面戗驳领或青果领，圆下摆，一粒扣（图1-10、图1-11）。与白色翼领或翻领的衬衫、黑色领结、马甲、侧章长裤（侧缝镶有缎条的黑色长西裤）搭配穿着。在"一战"后，白领结装束只在最正式或仪式典礼上穿着，黑领结装束在晚间着装中更为常见。

图1-10　塔士多外套（1898年英国裁剪杂志上的插图）

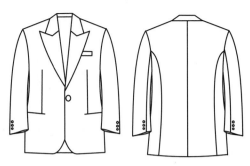

图1-11　塔士多外套款式结构图

（七）黑色套装（Black Lounge Suit）与日常套装

黑色套装是无尾式的半正式晨礼服，是将晨礼服整套套束中的上衣替换成日常西装上衣，而其余搭配（黑灰条纹裤、领带或领结、背心、白色翻袖衬衫、牛津鞋等）不变的简化版晨礼服。因此从结构上看，黑色套装的上衣与日常套装上衣相同，只是颜色为黑色或深蓝色。

日常的西装上衣衣长及臀，翻驳领，单排扣或双排扣，扣子的个数可变化。前身有一个左胸袋和两个双嵌线大口袋，后身在后中心线上有断缝，可开衩（图1-12）。

不同时代的西装裁剪方法不同，呈现出不同的外观和风格，如20世纪初期时，西装不设前胸省和刀背缝结构，因此外观较为宽松（图1-13）。

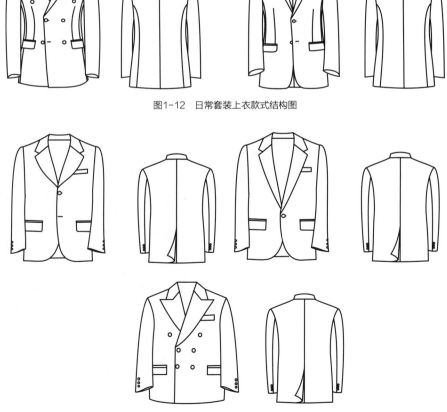

图1-12　日常套装上衣款式结构图

图1-13　20世纪初期不收腰西装上衣款式结构图

三、现代常见休闲上衣

现代男装最大的特点是休闲服装的流行。虽然男装的礼仪等级仍旧是大众遵守的规范，但一方面由于正式的、级别高的社交场合减少，而代之以商务和半商务场合；另一方面人们普遍追求自由、放松的着装方式，同时，以英国男装为代表的男装文化在全球普及以后，经过各地区的改良，其正统性和严格性得到了调和。因此，现代男装体系出现了以休闲装为主体的结构特征。当然，男装具有优良的传承性和稳定性，与千姿百态的女装相比，男装中的代表性经典款式较多。

（一）布雷泽上衣（Blazer）

布雷泽上衣与套装上衣的结构相同。有人认为这种上衣起源于18世纪20年代剑桥大学的划船俱乐部。它具有团体制服和运动礼服的双重属性，在面料上的限制较少，颜色丰富，但以单色或细条纹图案为主，面料有毛、棉、麻、混纺等。在款式细节上的特征体现为金属纽扣、贴袋和明线或嵌条装饰。在廓型上，布雷泽上衣比正式服装宽松，收腰量小，呈直线型廓型（图1-14）。

布雷泽上衣风格随和，可以与很多服装搭配，既可以内穿正装衬衫和打领带，也可以搭配POLO衫，还可以搭配各种颜色和面料的休闲裤、牛仔裤等。

布雷泽上衣的团体制服和运动礼服属性使它常常被用来作为校服以及航空公司、俱乐部、体育竞赛的团体服装等。此时在上衣的胸袋上常出现代表团队的徽章，金属纽扣上也可刻上团队标识。

（二）飞行夹克（Flight Jacket）与棒球夹克（Baseball Bomber Jacket）

飞行夹克源于"一战"时期的空军飞行服，由于那时的飞机驾驶舱是敞开式的，飞行员必须穿着保暖性很

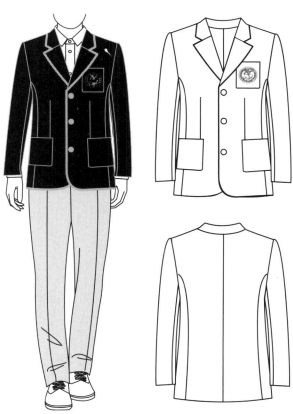

图1-14　布雷泽上衣

图1-15 现代男士夹克

图1-16 棒球夹克

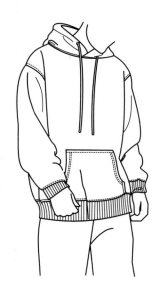

好的服装。飞行夹克在以下几个方面具有保暖功能：①厚皮革面料；②高翻领；③前门襟拉链上加多一层防风遮盖布；④袖口和腰口束紧；⑤一些外套有皮毛里衬或镶边。

在飞行夹克的基础上，衍生出了以束紧衣摆和袖口为特点的现代男士夹克，衣摆和袖口的束紧带可以采用主体面料，也可以采用罗纹面料；直身裁剪，衣身的长度随流行变化而改变，下摆的位置从腰围线到臀围线；领型有罗纹立领、连体翻领、分体翻领、连帽等；一般前门襟为拉链式，可选择防风盖布；衣身口袋可有可无，如果设口袋，则口袋为侧插袋、贴袋或带袋盖的贴袋。夹克的左上臂一般有一个口袋（图1-15）。

棒球夹克是飞行夹克的衍生款式之一。棒球夹克采用针织面料，立领领口、下摆和袖口为罗纹；直身裁剪，衣长到臀围；口袋一般为两个侧口袋。棒球夹克外观上最大的特点是衣身和袖子颜色不同，且颜色较为鲜艳，便于辨识（图1-16）。

（三）卫衣（Hoodie）

卫衣一般是连帽的厚针织服装，结构特点是带有套头连身帽，帽子前面有调节绳带，在前片腰线下有一个插手口袋（Muff，暖手筒）。卫衣是秋冬季保暖服装，所以裁剪一般较宽松，直身，长度达到臀围线或以下，袖口和衣身下摆有罗纹束口（图1-17）。也有一种简化款式的无领卫衣，采用厚针织面料，领口、袖口和下摆是罗纹面料。

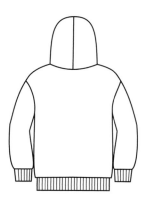

图1-17 卫衣

（四）牛仔外套（Denim Jacket）

牛仔外套除了面料为牛仔布以外，在款式上也有固定的结构：翻领，袖口和下摆束紧，前身左右各有两横、两竖的分割线，有袋盖的胸袋；后背有一横两竖的分割线（图1-18）。

牛仔外套的变化体现在廓型上，根据季节和流行的变化，衣长从腰线到臀围线以下，合体程度也可为紧身、半紧身、合体、宽松、肥大等。在秋冬季，牛仔外套还可以加入棉、毛等絮料和里料。

图1-18　牛仔外套

（五）衬衫外套（Shirt Coat）

衬衫外套是宽松的厚款衬衫，采用衬衫的连体或分体翻领，袖衩袖口，直线下摆或S形弧线下摆，肩部育克结构，一个或两个胸袋（图1-19）。衬衫外套是春秋季穿的外套，如加入棉絮料，还可以成为冬季的棉衣。

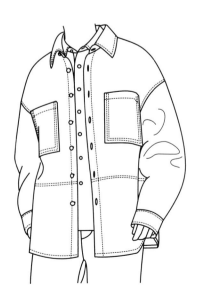

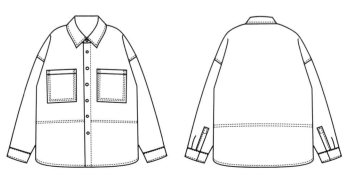

图1-19　衬衫外套

（六）POLO衫（Polo Shirt）与T恤（T-shirt）

POLO衫是一种有领的针织衫，其正式程度介于衬衫与无领T恤之间。POLO衫裁剪合体，衣身长度到臀围附近，可分为长袖和短袖。款式细节包括由罗纹面料翻领和前开口系扣式短领口组成的POLO领型，左胸袋，常见前短后长的衣摆设计，侧面设有短开衩（图1-20）。这种衣摆和开衩的设计是为了使穿着者在坐下时保持衣摆状态平服不拱起，属于功能性设计。

T恤是无领的针织衫，结构简单，穿着舒适，风格随意休闲，是最常见的现代服装之一。T恤常见罗纹圆领，衣身长度可长可短，长的可达大腿中下部，短的可到腰部，但常见的长度还是在臀围线附近。T恤的廓型和裁剪方法会随着流行的变化而变化，呈现出时尚性的特征（图1-21）。

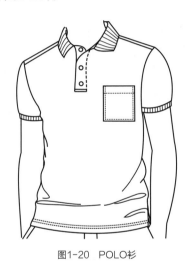

图1-20　POLO衫

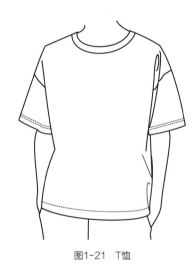

图1-21　T恤

（七）大衣与外套

常见的男式大衣与外套有柴斯特大衣（Chesterfield Coat）、阿尔斯特大衣（Ulster Coat）、波鲁大衣（Polo Coat）、水手短大衣（Pea Coat）、克龙比大衣（Crombie Coat）、巴尔玛肯大衣（Balmacaan Coat）、战壕风衣（Trench Coat）、达夫尔大衣（Duffle Coat）等（图1-22~图1-24）。从款式上可以看出，很多大衣的正式级别很高，是近代男性在秋冬季穿着出入社交场合的保暖服装，风格正统保守。有一些款式，如阿尔斯特大衣，在流行一时后消失了。柴斯特大衣、波鲁大衣等在现代也较为少见。而像战壕风衣、达夫尔大衣等来源于军服的非正式款式，则由于其独特的结构和功能性，更加适合现代男装的要求，成为经久不衰的男装大衣款式。

除了大衣和风衣以外，防风外套也是现代很常见的外套款式。防风外套（Parka）是一种短风衣，主要目的是防风保暖，穿着方便，因此质地紧密牢固，多使用有滑扣的风帽，多处设置拉链、多功能口袋等结构。

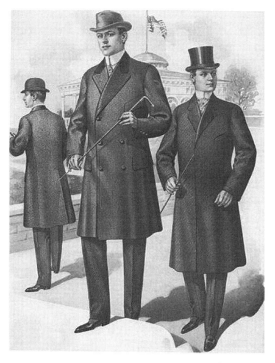

图1-22　画报上的柴斯特大衣（1901年）

图1-23　画报上的阿尔斯特大衣（1903年）

（1）战壕风衣　　　　　　　（2）达夫尔大衣　　　　　　　（3）防风外套

图1-24　战壕风衣、达夫尔大衣、防风外套等常见外套

四、正装裤与休闲裤

现代裤子源于一种被称为马裤（Breeches）的下装。马裤出现于16世纪初，是一种短裤搭配长筒袜的装束，裤子的长度到膝盖，裤脚口用带子或扣子系紧。到了法国大革命的时候，出现了类似现代西裤的裤子，裤长到足踝，裤腿宽松，裤脚口敞开。

正装裤外观平整光洁、廓型合体、结构简洁、线条流畅，与休闲裤的结构差别主要体现在腰臀部上。正装裤的腰臀部通过设置褶或省来实现收腰的目的（图1-25），而由于休闲裤的面料有一定厚度，不适合收省，所以一般采用育克结构（图1-26）。分割线结构既可以使裤子外观更平整，同时不同的裁片可以采用不同的裁剪方向，可更好地利用面料的性能。

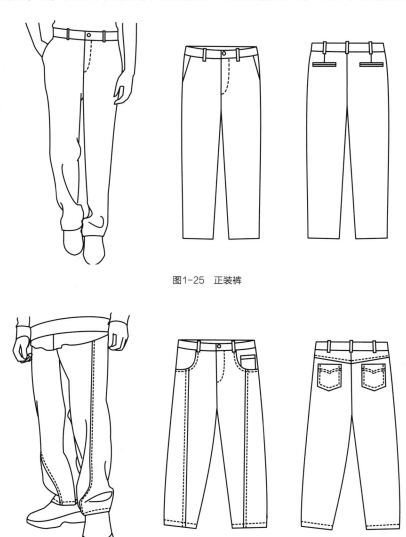

图1-25　正装裤

图1-26　休闲裤

正装裤中，与晚礼服、塔士多礼服搭配穿着的礼服裤往往有裤脚翻边，还在外侧缝处盖缝装饰带。

五、正装衬衫与休闲衬衫

衬衫可分为正装衬衫和休闲衬衫，其中的正装衬衫根据搭配的外套和正式等级，又可分为礼服衬衫和套装衬衫（图1-27~图1-29）。

正装衬衫为白色，翼领或分体翻领，由于领带或领结是正装必不可少的配饰，同时西装的领口较大，因此衬衫的领子和前胸成为视觉重点，格外重要。正装衬衫的领子要用衬塑造出硬挺的形态，同时礼服衬衫有前胸褶裥装饰，或在前胸敷胸衬，以保证衬衫外露部分的外观平整有型。衬衫的袖口比西装上衣外露出1~2cm，因此礼服衬衫的袖口常有贵重袖扣等装饰。

与正装衬衫相比，休闲衬衫的结构较为放松，更考虑日常服装舒适的需求。首先在领子结构上，可采用立领、连体式翻领和分体式翻领，领子可以不加衬或加一层薄衬；其次在衣身结构上，除了胸袋外，没有其他装饰或细部结构。当然，现代的时尚休闲衬衫出于设计新颖性的考虑，常在领子、衣身、袖口上采用分割线或镶边装饰。

图1-27　礼服衬衫

图1-28　正装衬衫　　　　　　图1-29　休闲衬衫

六、正装和休闲装的款式符号与结构差异

历史上，男装正装和休闲装的差别体现在穿着场合上，而到了现代，随着服装时尚化、创意化程度的提高，面料、色彩早已没有明确的禁忌或约定，而在服装内含结构上的差别成为两大类服装的本质差别。正装的结构特点是以各种精细的结构手段塑造合体廓型，休闲装则较为放松。

具体而言，两者的主要差别体现在以下方面：

（1）正装：男性在社交场合的理想形象是整洁、干练、庄重而有修养，因此正装的主要任务是塑造优雅挺拔的体型，廓型一般是H型或小X型，身袖裁剪合体，线条简洁流畅。服装前胸饱满，肩部平直，肩角分明，腰臀平服。服装各个侧面及内部的曲线起伏弧度小而有力，体现出含蓄内敛的男性审美标准。为了达到如此精细的外观，正装的结构设计需要设置胸省、前后刀背缝等合体结构，考虑到最细小的尺寸和曲度，甚至连肩线的形状都要随着人体塑形的起伏和要求设计成有一定弧度的曲线（图1-30）。

图1-30 正式西装

（2）休闲装：休闲装的穿用目的是适应日常生活或运动，廓型多采用H型或V型，在服装合体程度上有多种选择，最紧身的夏季T恤利用面料弹性紧裹身体，而宽松的秋冬季卫衣和夹克宽松肥大，甚至可以内穿毛衣。休闲装传达出宽松的信息，结构设计的手法也是粗放的，肩线平直、不设收身目的的省和分割线，廓型平直，运动量充裕（图1-31）。休闲装上常出现装饰作用大于实用作用的口袋和分割线设计，束口的下摆和袖子以及肩章等源于军装的款式细节，也是塑造休闲装粗犷风格的重要因素。

正装与休闲装在一些款式细节上也存在明显区别。很多款式要素由于线条和结构呈现出的视觉风格或传统穿用习惯，具有特殊的礼仪等级语义，在正装和休闲装上很少混用。例如袖子略拱起，包拢住衣身的拱式装袖，是最具有正装外观的身袖组合形式，同时翼领、戗驳领、双排扣等具有较高正式等级，往往赋予服装较为正式稳重的含义。对于休闲装来说，肩袖之间线条平直，没有明显的拱起，在款式细节上，连体翻领、育克结构、贴袋、肩章等指向放松、简单、适合运动的细部款式很少在正装上使用。

图1-31 休闲西装

第二节　TPO因素与男装着装标准

　　20世纪初，西方出现了根据时间、地点和场合（Time, Place and Occasion，简称TPO）而制定的详尽的男装穿着搭配规则，被称为Dress Code（着装标准），一度成为男性社交服装的穿用法则，直到现代仍为男装传统文化的一部分，在重要的场合被忠实地贯彻执行（表1-2）。这种搭配法则符合男性理性和规则感的天性需求，在长期执行后，给男装带来了配伍性的特点，不仅是正装，POLO衫、T恤等服装都有配伍性的问题，男装的流行往往也是整套服装形象的流行。

表1-2　1902年西方男装的DRESS CODE（部分）

场合	大衣外套	背心	裤子	帽子	衬衫	领子	围巾	手套	鞋子	配饰
（日间）婚礼、下午聚会、接待、午后观影	佛若克大衣或柴斯特大衣	与大衣面料相同，或白色亚麻布，双排扣	黑灰条纹裤	高级丝绸面料	白色，有连接袖口	翻领或翼领	黑色或浅色爱斯科或水手结围巾	灰色绒皮手套	上面系扣的漆皮鞋	金链、珍珠别针
（晚间）舞会、接待、正式晚宴、观剧	晚礼服，大衣为柴斯特大衣或佛若克大衣	白色单排扣或黑色双排扣	与大衣面料相同，裤子两侧加丝质缎带	高级丝绸面料	白色，有连接或可拆袖口	立领	窄细麻纱领结或船型领结	珍珠色或白色	系扣漆皮鞋	珍珠饰纽，或纯金、或镶嵌宝石的饰链

　　随着历史的发展和生活方式的改变，以英国社交礼仪为核心的近代男装文化影响力下降，同时，过于隆重正式的社交场合日益减少，目前仅有一些非常重要的社交场合严格要求人们的装束。现代两套最经典的男士礼仪服装被人们以领结的颜色进行区别命名，分别为白领结装束和黑领结装束。

一、白领结装束

　　白领结装束也称为Full Dress，Evening Dress，是西方社交场合在晚间最正式的着装体系。整体装束包括黑色燕尾服、白色马甲、上浆的翼领衬衫、有侧章的黑色礼服西裤，配饰有白色领结、宝石袖扣、蝴蝶结黑皮鞋或黑色牛津鞋、礼服帽、背带、白手套、口袋巾等（图1-32）。

图1-32　白领结装束

二、黑领结装束

黑领结装束也是夜间的正式礼服，其正式级别低于白领结，因此与白领结"大礼服"相对应，又被称为"小礼服"。黑领结着装体系包括塔士多西服上衣、塔士多西裤（有侧章，腰头有调节襻，不用皮带，裤脚不卷边）、翼领或翻领衬衫（胸前有褶襞，纽扣为黑色或金色金属纽扣，法式袖口）、黑色领结、马甲或卡玛带，服饰有黑色皮鞋、口袋巾、金属袖扣（图1-33）。

小礼服款式修身，廓型干练，细节简约，既富有仪式感，又兼具现代的年轻活力，因此在现代礼仪场合最为常见。随着时代的推移，它演变出一些时尚变款，如在色彩上，塔士多上衣不局限于传统的黑色，而有午夜蓝色、酒红色、白色等选择；在面料上，除了传统的毛呢面料，也可选择丝绒面料等既华贵又时尚的面料。这些变款适合在较为轻松的礼仪场合穿着，深受年轻人欢迎（图1-34）。

现代正装虽然对传统礼服大幅精简，但仍有不少人认为应该保留一些基本的正装规范。例如衬衫与西装在领高和袖长上的搭配关

图1-33　黑领结装束

图1-34　不同颜色的塔士多西服上衣

系，正确的搭配方法是衬衫领子高于西装领1cm，袖子长于西装袖口1~2cm。这种搭配的起源在于衬衫在传统上被认为是内衣，外衣不能频繁清洗，衬衫起到将外衣和身体隔开的作用，因此领高和袖长都要大于外衣。这种出于实用性的搭配外化成为长期的视觉经验，又上升为审美经验。因此在结构设计中，出现了衬衫的领座高为3.5cm、西装上衣领座高为2.5cm的配比关系，衬衫的袖长也在西装袖长的基础上加出了1~2cm（图1-35）。

正装与休闲装风格迥异，即使在规则淡化的今天，也很难混合搭配穿着。当然，正装也可以通过面料、色彩或廓型等少数元素的改变，偏离绝对正装的范畴，与休闲装进行调和。在正装和休闲装之间出现的调和型服装被归为商务休闲装（Business Casual），这类服装在面料上的选择比正装面料丰富，结构也较为简洁放松，但与休闲装相比，大体仍然具有较为端庄大方的正装风格和廓型（图1-36）。

近年来又出现了一类被称为时尚休闲装（Smart Casual）的服装风格种类，比商务休闲装的时尚度和休闲度更高，穿着搭配方式也更加时尚并富于个性和创造性。花式面料西装、条纹或格纹T恤、牛仔单品、高领衫、运动鞋等均可作为时尚休闲装的品项，但与休闲装相比，时尚休闲装品质更加精良，裁剪得体，廓型紧凑，搭配得当，色彩层次丰富（图1-37）。

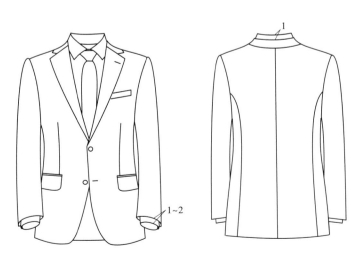

图1-35　西装上衣与衬衫的尺寸搭配关系

图1-36　商务休闲装

（1）普通休闲装　　　（2）时尚休闲装　　　（3）商务休闲装　　　（4）商务正装

图1-37　时尚休闲装与其他风格男装的比较

第三节　男装结构设计的实用功效性

在西方，直到18世纪，两性服装都没有太多差别，上层社会的男女都穿着具有大量装饰的华丽服装。在17~18世纪的思想启蒙运动和18世纪末爆发的法国大革命的推动下，讲求理性、实用、平等和规则的价值观念随着资产阶级的崛起而映射到男性服装上，促使男装走向简洁朴素的"效用化"方向，与女装的"装饰化"形成了鲜明的差别。从19世纪初开始，男装去掉了纯装饰结构，款式简单，廓型简洁，色彩素净。在这个阶段最具有标志性的服装是裤子，"裤子使人能够快步行走、奔跑甚至跳跃，它提供的可能性姿势和运动幅度，体现出男性的健康、健壮和力量，成为新型男性的特征。Flügel比喻为'男性的伟大放弃'。"❶除了裤子以外，近现代男装结构淘汰更新的演变过程都呈现出以功效为核心的价值观，现代男装上看似无用的结构都能追溯到实用的源头。

总体来说，现代男装的结构从功效上分析，可分为以下几类。

一、普遍效用结构

男装的普遍效用结构，指从一般人群的日常生活角度出发而设计的效用性结构。根据

---

❶ 高秀明.欧美服饰文化性别角色期待研究[M].南京：东南大学出版社，2017：25.

效用的性质，又可分为运动结构、塑形结构、调温结构和便利结构四种。

（一）运动结构

运动结构，指服装上适应人体运动的结构，例如上衣的开衩结构、衬衫和裤子上的育克结构、褶裥结构等。

1. 开衩（Vent）结构

开衩结构在人体静态的时候合拢，运动的时候展开，补充服装的活动量，是服装上常见的运动效用结构。在男装上，西装上衣、风衣、大衣等衣摆处常设置开衩，实用的同时也增添了背部的款式元素。以西装上衣为例，与领子、扣子、口袋一样，是否设置后开衩、后开衩的位置和数量，成为西装背部的设计点之一（图1-38）。

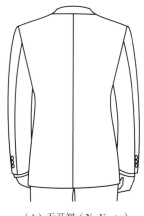

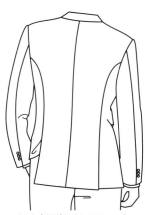

（1）无开衩（No Vents）　　（2）后开衩（Back Vent）　　（3）侧开衩（Side Vents）

图1-38　西装开衩结构

各个国家和地区喜爱的经典款式与本地的时尚文化有很大关系。例如侧开衩在英式西装上最为常见，因为骑马运动在英国上层社会曾经风靡一时，至今也是深受喜爱的运动，而骑马运动要求着装优雅得体，身姿挺直，侧开衩的设计便于在骑马时保持服装在臀部的自然舒展，适合其运动性。

2. 育克（Yoke）结构

育克是服装上的常见结构，常见于人体的横向运动带，如肩部、腰部、臀部，目的是在人体对服装的施力方向上，采用强度较大的面料沿经线方向裁剪衣片，以提高服装的整体强度。在男装衬衫和夹克的后肩部、休闲裤的后臀部，常见育克结构（图1-39）。

3. 褶裥（Pleat）结构

在女装上，褶裥结构常常作为装饰元素，而在男装上，除了礼服衬衫前胸处的褶襞以外，褶裥结构的用途往往是改善运动性能。由于褶裥的装饰效果较强，与男装简洁干练的核心审美观有一定的背离，因此在男装上应用不多，最常见的褶裥有上衣背部褶裥、袖口褶裥和裤子前腰的褶裥（图1-40）。

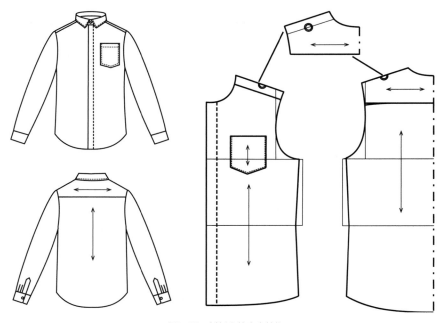

图1-39　衬衫上的育克结构

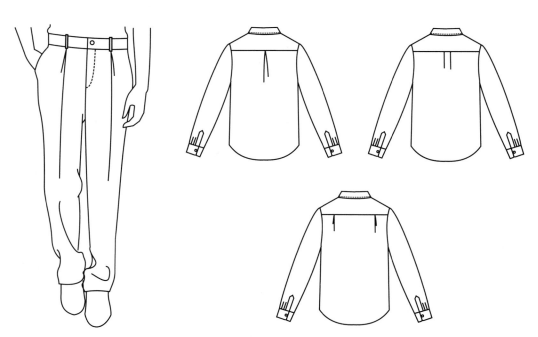

图1-40　褶裥结构

（二）塑形结构

塑形结构，指为了塑造人们服装的外部轮廓而设置的功能性结构。西装上衣采用胸省、刀背缝分割线、大小袖结构等塑造合体的廓型，通过肩部、前胸的多层衬垫改善男性的体型外观（图1-41）。虽然廓型是属于视觉层面的，但这些结构具有效用的属性，也属于功能性结构。

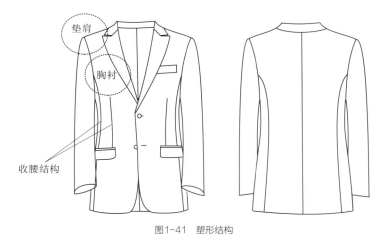

图1-41　塑形结构

（三）调温结构

调温结构，指服装上为了调节衣环境温度而设置的结构，例如罗纹袖口和下摆、连身帽、可扣合的翻驳领结构、风衣的腰带、西装的半里料和无里料结构、运动服腋下分割出来的网眼布透气结构等。

以图1-42为例，原来的一部分西装翻驳领设有单侧扣眼，另一侧领子下钉有扣子。当遇到风雨天气时，可以将领子扣合起来，起到防风保暖的作用。

图1-42　有扣合功能的翻驳领

（四）便利结构

便利结构，指为了使人们生活更方便而设置的结构，在男装上主要体现为各种形状和用途的口袋。口袋一般呈几何廓型，以明袋、暗袋、贴袋、立体袋、组合袋等形式出现，搭配袋盖、拉链、明线等要素，形态明确，透露理性与秩序的意义，呈现出非常贴合男装的工具美学特征（图1-43）。因此，在男装中，口袋是最主要的设计要素之一。

图1-43　男装口袋设计

二、特殊效用结构

特殊效用结构，指为特殊人群或在特殊场合穿用而设计的服装结构。与女性相比，在历史上男性更多地承担了日常生活之外的特殊职责，特别是在战争中的艰难环境生存时，需要服装提供特殊的保暖、战斗等功能。承担战争等特殊职责的军人形象一般是光荣正面的，引发社会的追逐效仿，因此军服是近现代男装结构的主要源头之一，无论是礼服还是休闲装都深受其影响。第一次世界大战时的飞行员外套、陆军大衣"战壕风衣"和海军服装"达夫尔大衣"在现代仍然是常见的男装外套，其经典结构在男性风衣、夹克和休闲装上得到了大量运用。

以战壕风衣为例，原本是军人在露天时穿着的外套，因此对功能性的要求非常高，其款式特征全部具有实用功效（图1-44）。

图1-44　战壕风衣

（1）肩章可将水壶、背包等物品的背带固定在肩部，避免其滑落，解放双手。

（2）右侧胸盖布可在领子扣合后，再次遮蔽住领子的通风缝隙，加强防风保暖的效果。

（3）颈部扣环、双排扣前门襟、可调节腰带、可调节腕带都起到锁紧上身漏风缝隙，具有防止体温流失的作用。

（4）后背防雨片是在后衣身上多增加的一层衣片，原理类似屋檐，除了保暖以外，还可使雨水沿着防雨片流下，减少后背被打湿的概率。同时，双层面料的保护也可延缓雨水浸湿后背的速度。

（5）D型环是为了挂手榴弹而设置的便利结构。

（6）系扣口袋可防止物品滑落。

（7）后背的楔形开衩起到增加下摆部运动量的作用，同时由于楔形开衩是增加了布料折叠而成的开衩，不是普通的断裂开衩，所以不影响保暖性；扣襻可固定楔形开衩的形状，以免楔形开衩多余的面料影响活动。

男性喜爱户外运动，因此户外服、运动服、比赛服以及观看比赛的服装等是男装常见结构的另一个源头。猎装、马球衫（Polo Shirt）、马球大衣（Polo Coat）、棒球服等成为现代休闲装的经典款式。

特殊效用结构针对特殊人群和特殊场合，具有一定的实效性和适应性，传递到现代男装上，很多结构不再具有实用的功能，但其原始功能是其能够得以保留的重要原因，历史的积淀起到了重要的作用。在现代男装设计中，采用史源性结构是男装款式结构设计的重要设计方法。

第二章

PART 2

男性体型与号型标准

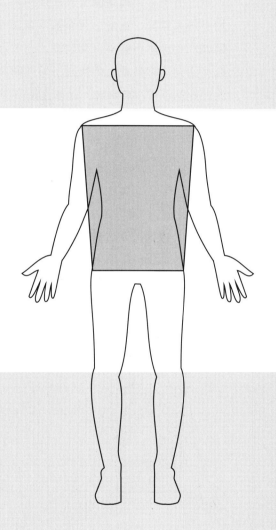

人是服装服务的对象，服装是人体的第二层皮肤。衣片的基本轮廓形状和结构由人体的体型决定，是人体体表铺展开的平面，因此，人的体型直接决定服装结构设计的规律、技巧和方法。

男性体型与女性体型相比，既具有相同的人体构造，又各自呈现出许多独有的特征。同时，由于男性和女性长久以来的社会活动特点不同，性别性格、社会角色、外貌气质等均有较大差异，因此，男装和女装无论是外观层面还是内部构造层面，都有明显的差别。例如，女性体态优美，女装设计的重点往往围绕着胸、腰、臀的曲线变化开展，弱化女性曲线的设计常呈现出中性或仿男性的风格；而男装更强调力量美和技术美，因此男装视觉的设计重点放在肩胸部，在款式细节上，常用的设计要素有各种口袋、直线分割线、拉链、粗明线等，体现出工具美学的审美倾向。

第一节　男性体型概述

一、男性与女性体型差异

男女体型特征有着较大的差异，主要体现在颈肩部、胸廓部、腰部、臀部和四肢的造型上。

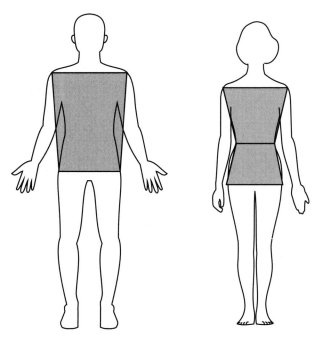

从正面看，男性躯干部呈上大下小的倒梯形，肩部较宽而臀部较窄，同时具有粗壮的骨骼和健硕的肌肉。女性上身乳房突出，腰线较长，下身臀部较宽，股骨和大转子的结构比较明显，整体呈沙漏型（图2-1）。

从侧面看，男性的肩胸部骨骼和肌肉发达，视觉重心在肩部；女性躯干上部和上肢都较瘦弱，骨盆宽大，腰腹部和臀部脂肪比例高，视觉重心在臀部（图2-2）。

从横截面看，女性肩薄、臀宽、腰细，身体的厚度小；男性肩胸宽厚，是横截面积最大的部位，与女

图2-1　男性与女性体型正面比较

性相比，男性的身体厚度大，比较圆厚（图2-3）。

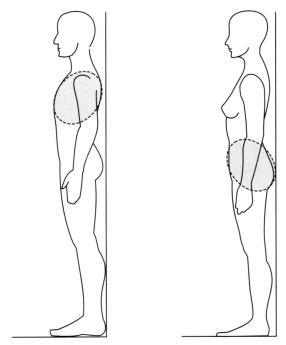

图2-2　男性与女性体型侧面比较

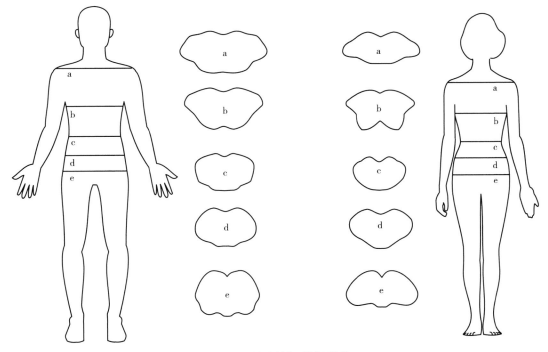

图2-3　男性与女性体型横截面比较

男女体型特征对比和各部位尺寸对比见表2-1和表2-2。

表2-1　男性与女性体型特征对比

身体部位	男性体型特征	女性体型特征
颈肩部	颈部形体方正，肩宽平阔	颈部上细下粗，整体细长，肩窄且肩斜度较男性大
胸廓部	胸廓长、宽、厚，腰际线位置低	胸廓短、窄、薄，腰际线位置高
腰部	胸廓部下边缘至髂嵴的长度略短于女性	胸廓部下边缘至髂嵴的长度略长于男性
臀部	大多肩宽于臀	臀下弧线位置较低，肩臀同宽
四肢	上肢、手足显粗壮；下肢显得长而健壮	上肢、手足较修长；下肢显得粗短

表2-2　男性与女性各部位尺寸对比

单位：cm

性别	身高	胸围	腰围	臀围	颈围	总肩宽	背长	股上长	股下长
女	170	92	76	98	35.2	42	40	28	68
男	170	88	74	90	37	43.7	43	25	73

二、男性体型特征对男装结构设计的影响

男性体型的特征是肩宽厚、骨盆窄，躯干从肩到臀整体呈现倒梯形。男性胸肌、背肌发达，颈部短，腰臀距离短，腿的比例较长。体表曲线曲率小，线条直，具有力量感和运动感。因此，男装结构设计的重点在于肩胸部造型的塑造，衣片的轮廓线、分割线曲度小，有力度，大部分男装不做收腰处理，当遇到修身廓型时，收腰量、省量的取值也都比较保守，以使服装符合男性人体特征，表面起伏平缓。

相反，强调三维或局部曲线变化，窄肩、收腰、加宽下摆的结构处理方法，往往是为了寻求中性或女性化风格。

由于男性体型特点和审美的原因，男装结构较为保守，主要体现在三个方面：

（1）男装结构较为稳定，特别是正装，款式结构有一定的规制，不宜加入个性化设计。

（2）男装各个围度的放松量和细部尺寸的采寸尺度比较保守，很少出现夸张的线条和廓型，尺寸跨度区间窄（图2-4）；而女装的结构特点是曲线的曲率大，收腰位置多，尺寸较大，廓型变化丰富（图2-5）。

（3）视觉美化的部位细小而含蓄，口袋、领尖、衣摆等细部的面积、位置、弧度、搭配等都精细而讲究，体现了男装内敛而持重的技术美感。

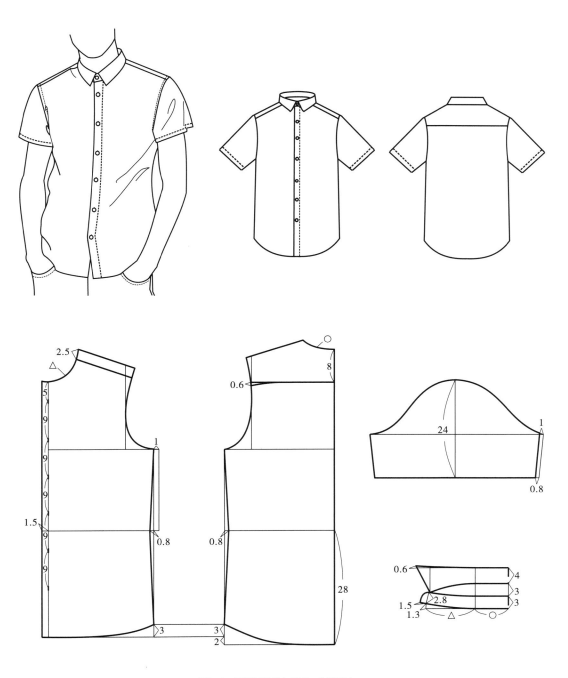

图2-4　男装纸样线条平直，收腰量小

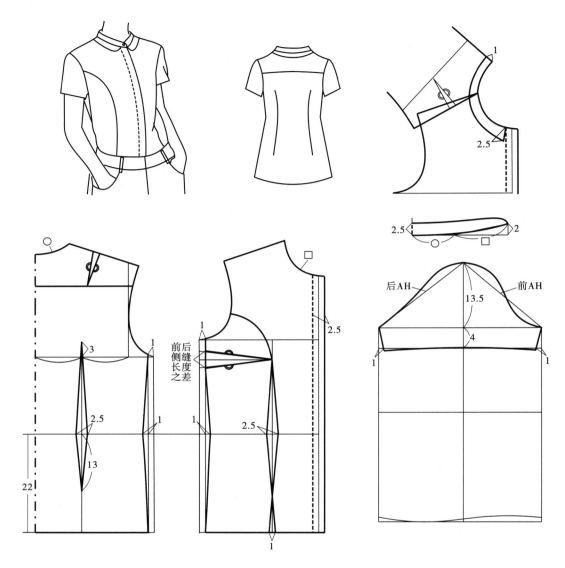

图2-5　女装纸样线条曲度大，收腰量大

三、男性体型的差异与变化

人体体型受种族、年龄、地区、家族遗传等的影响，具有鲜明的个体差异。

首先，不同的国家体型差异非常明显。例如美国匹兹堡艺术家尼古拉·拉姆研究了美国、日本、荷兰和法国男性的体型，发现美国男性的平均身高为176.4cm，荷兰男性的平均身高为183.3cm，法国男性平均身高为174.4cm，日本男性平均身高为171.4cm（表2-3、图2-6）。

表2-3　不同国家男性的身高、腰围与BMI指数的比较

国家	身高（cm）	腰围（cm）	BMI（身体质量指数）
荷兰	183.3	91	25.2
美国	176.4	99.4	29
法国	174.4	92.3	25.55
日本	171.4	82.9	23.7

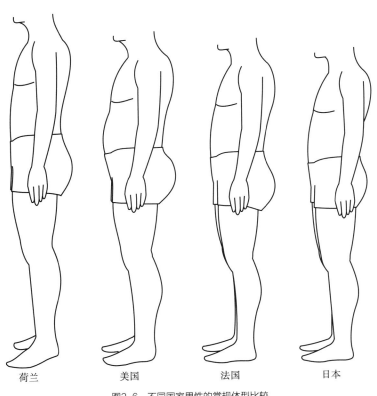

荷兰　　　　　　美国　　　　　　法国　　　　　　日本

图2-6　不同国家男性的常规体型比较

　　其次，同一个国家的人体体型也会由于区域、民族、年龄和生活状况等因素的不同而变化。我国是一个幅员辽阔的多民族国家，不同地区之间的人体尺寸差异较大。据针对我国华北地区、华东地区和西南地区男子体型的研究发现，华北地区的男子身高最高，胸围和腰围值最大，后臀较凸，肩宽相对较窄；华东地区的男子身高和围度中等，直裆较浅，背部稍勾，手臂前倾明显；西南地区的男子身高和围度都较小，背部最弯，身体较厚，且背部较宽。华北、华东、西南三个地区男性人体数值比较见表2-4❶。

❶ 许鉴, 聂雅渊. 我国成年男子体型及服装号型区域化差异分析[J]. 中国纤检, 2020(Z1)：128–134.

表2-4　华北、华东、西南三个地区男性人体数值比较

项目	华北地区		华东地区		西南地区	
	均值	标准差	均值	标准差	均值	标准差
体重（kg）	67.89	10.04	62.06	8.42	56.48	7.31
身高（cm）	170.04	6.13	167.78	6.81	160.28	5.91
颈椎点高（cm）	144.81	5.52	144.14	6.05	138.12	5.52
颈围（cm）	44.04	2.91	40.13	2.19	39.80	2.52
胸围（cm）	92.89	7.23	88.81	5.84	87.38	5.43
腰围（cm）	83.35	9.41	78.98	8.50	78.93	7.34
腹围（cm）	86.67	9.19	81.40	7.97	82.01	6.33
臀围（cm）	93.95	5.77	91.09	5.01	88.39	4.51
大腿根围（cm）	62.73	5.51	51.55	4.15	50.05	4.73
大腿围（cm）	54.72	4.81	48.78	3.82	46.64	3.48
膝围（cm）	40.01	2.52	36.01	2.16	35.01	2.38
前胸宽（cm）	35.79	2.98	35.34	2.38	34.62	3.11
总肩宽（cm）	42.15	3.41	42.37	2.82	41.78	2.33
后背宽（cm）	36.22	2.50	37.29	2.59	37.96	2.41
背长（cm）	40.46	2.18	41.42	2.12	40.67	2.28
胸宽（cm）	30.02	2.37	29.20	1.90	28.24	2.11
腰部宽（cm）	28.52	2.66	26.51	2.44	26.06	2.35
臀宽（cm）	33.90	2.12	32.61	14.65	31.02	1.81

最后，随着时代的推进和生活状态的变化，人们的体型也在发生着潜移默化的改变。2008年8月，由中华人民共和国科学技术部立项、中国标准化研究院承办的中国人体尺寸测量项目研究发现，我国男性现阶段的控制部位尺寸与GB/T 1335.1—1997相比，有了显著的变化（表2–5）❶。

表2-5　我国现阶段与GB/T 1335.1—1997男性人体控制部位数值的比较　　单位：cm

项目	目前		GB/T 1335.1—1997		现阶段均值与GB/T 1335.1—1997的均值差
	均值	标准差	均值	标准差	
身高	169.28	7.63	167.48	6.09	1.8
颈椎点高	144.19	6.66	142.91	6.0	1.28
腰围高	105.12	5.89	100.58	4.45	4.54

❶ 许鉴. 我国华北、华东、西南地区男子体型及服装号型变化的研究[J]. 上海纺织科技, 2008,36(10): 3–6.

续表

项目	目前		GB/T 1335.1—1997		现阶段均值与GB/T 1335.1—1997的均值差
	均值	标准差	均值	标准差	
颈围	41.58	2.96	36.83	2.11	4.75
胸围	88.95	6.22	87.53	5.55	1.42
腰围	78.77	8.51	74.69	8.28	4.08
臀围	90.83	5.51	89.23	5.24	1.60
总肩宽	42.53	2.77	43.24	2.75	−0.71
全臂长	56.74	3.08	54.53	3.04	2.21
胸腰差	10.30	4.35	12.84	4.91	−2.54
胸臀差	−1.88	4.74	1.7	3.35	−3.58
臀腰差	12.02	6.31	14.54	4.98	−2.52

第二节　男性人体测量

人体尺寸是纸样的制图依据，是纸样设计的基础。在绘制纸样之前，除了查找相关的国内外制图尺寸，或采用已有的经验数据之外，进行大量的人体测量，掌握人体每一个部位的尺寸，积累数据，是非常有必要的。这对制图和样板复核，以及对人体的了解都有很大的好处。

一、男性人体的基准点与基准线

人体测量的部位与人体的轮廓点、轮廓线、关键部位线是对应的，因此，了解和标记人体的基准点和基准线非常重要。基准点是人体上重要的轮廓凸起点，是测量的起点或终点，也是服装纸样制图的关键点或辅助点；基准线是人体正面、侧面、背面轮廓的凹进或凸起线，是人体体块的分界线，往往也是人体运动带的分界线。四肢的基准线往往对应人体的关节。

人体的基准点，包括侧颈点、前颈点、肩点、腋下点、胸点（乳突点）、膝盖骨中点、外踝点、内踝点、后颈点（第七颈椎点）、肘凹点、肘突点、臀突点、腕突点等，其中服装制图常用的基准点是前颈点、后颈点、肩点、腋下点、胸点等对确定服装衣片轮廓至关重要的点。

人体的基准线，可分为横向基准线和纵向基准线。横向基准线有颈围线、肩线、胸宽线、胸围线、腰围线、臀围线、中腰围线、骨宽线、肘线、腕围线、膝盖线、足踝线；纵向基准线有臂根线、裆线。其中服装制图常用的基准线有颈围线、肩线、胸围线、腰围线、臀围线，其余基准线往往作为确定服装长度、围度和曲度的重要依据（图2-7）。

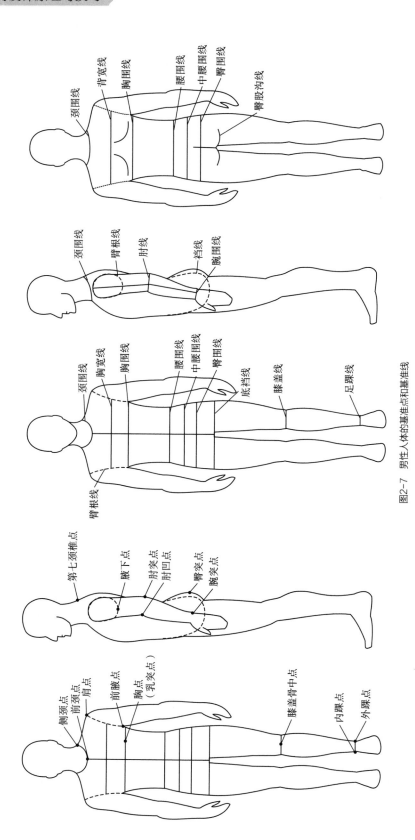

图2-7 男性人体的基准点和基准线

二、男性人体测量要点

男性人体测量要点如下：

（1）使用身高尺和软尺测量，软尺应由不易变形的玻璃纤维制成。

（2）测量人体时，应保证被测者穿着贴身的内衣，自然站立，双臂下垂，不得收腹、后仰等。

（3）测量用软尺应不紧不松，在测量围度时，以刚好能插入一个手指的松紧度为宜。

（4）应通过基准点和基准线测量，如测量胸围时，软尺应通过胸突点水平测量；测量袖长时，应从肩点开始，经过肘突点，到腕突点。

（5）测量长度应使软尺随着人体的起伏，而不是两点之间的直线距离，如背长、股上长等尺寸。

三、男性人体测量部位与方法

（一）人体测量部位

男性人体测量部位见图2-8。

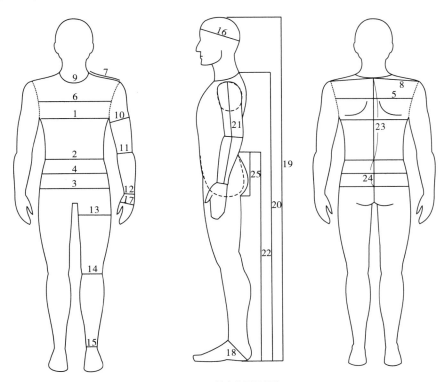

图2-8　男性人体测量部位

（二）测量部位名称与方法

横向测量部位与方法：

（1）胸围：经过两个乳点，沿人体水平测量一周；胸围是上身服装纸样围度的制图依据。

（2）腰围：在人体腰部最细处水平测量一周；腰围是下装（裙子和裤子）的重要制图尺寸，在上装纸样中，腰围是服装收腰量的直接参考尺寸。

（3）臀围：在人体臀围最丰满处水平测量一周；作为下身最大的围度尺寸，臀围是下装纸样围度的制图依据。

（4）中腰围：在腰围与臀围之间的二分之一处，水平测量一周；中腰围虽然在制板时很少直接使用，但其是复核服装腰腹部合体度的唯一参考尺寸。

（5）背宽：在后颈围线和后胸围线之间的二分之一处，从左侧的手臂与人体躯干交界线，水平测量至右侧；背宽尺寸在制板时较少直接使用，但其是复核肩胛部活动松量的唯一参考尺寸。

（6）胸宽：在前颈围线和前胸围线之间的二分之一处，从左侧的手臂与人体躯干交界线，水平测量至右侧；胸宽尺寸在制板时较少直接使用，但其是复核上胸围部活动松量和廓型外观的唯一参考尺寸。

（7）肩宽（小肩宽）：从侧颈点测量至肩点；其是复核肩部合体度的主要参考尺寸。

（8）总肩宽：从一侧肩点出发，经过第七颈椎点，到另一侧肩点；其也是复核肩部合体度的主要参考尺寸。

（9）颈围：沿颈根部，测量其围度一周；其是服装领口合体度的参照尺寸。

（10）上臂围：测量上臂最粗处围度；其是袖子合体度和运动松量的基本参考尺寸。

（11）肘围：测量肘部围度；其是紧身袖或七分袖等袖子合体度或袖口尺寸的基本参考数据。

（12）腕围：测量腕部围度；其是袖口的基本参考尺寸。

（13）大腿围：测量大腿最粗处围度；其是裤子在大腿处合体度和运动松量的参照尺寸。

（14）膝围：测量膝盖部围度；其是紧身裤或七分裤等在膝盖处的合体度和运动松量的参考尺寸。

（15）足踝围：测量足踝部围度；其是紧身裤裤口的制图尺寸，也是一般裤型裤口放松度的参照尺寸。

（16）头围：测量从前额到枕骨的围度；其是帽子、连身帽和套头式服装结构设计和制图尺寸的依据。

（17）掌围：测量手掌最宽处的围度；其是手套、不开衩紧身袖口等的制图尺寸依据。

（18）足围：测量从足跟至脚背的围度；其是一般裤脚口制图的最小尺寸。

纵向测量部位与方法：

（19）身高：从头顶测量至地面的长度；身高是服装号型的长度标准。

（20）颈椎点高：从第七颈椎点处测量至地面的长度。

（21）全臂长：从肩点，经过肘突点，测量至腕骨的长度；可作为袖长的参考尺寸。

（22）腰围高：从腰围线测量至地面的长度；可作为裤长的参考尺寸。

（23）背长：从后颈点测量至腰围线的长度。

（24）腰围到臀围（腰长）：从腰围线测量至臀围线的长度。

（25）股上长：从腰围测量至裆线的长度，常采用坐姿，测量从腰围线到椅面的长度；其是裤子裆部的纵向参考尺寸。

如果面向个体用户进行板型开发，除了上述测量部位外，也可加入更多的细节部位尺寸，同时，需要特别注意观察用户的体型，如挺胸、弓背、圆背、翘臀、斜肩、高低肩等特殊情况，在板型中予以考虑和调整，使最后的成品更加适体。

第三节　我国男装号型规格标准

由于人体身高和体型千差万别，工业化生产无法做到个体定制，为满足服装工业化大批量生产需要，有必要制定服装号型系列标准，将人群按照身高和胸围的平均值，归纳为从低到高的几个代表体型，总结出各部位尺寸，作为服装制板和生产的依据。

世界各国都有各自的常用号型规格和制图尺寸，一些研究单位和企业也制定了自己的号型规格，定义了号型代码，确定了人体各部位制图尺寸。我国男装现在使用的号型标准为GB/T 1335.1—2008标准，此标准是以身高的数值为号，以胸围或腰围的数值为型，同时标明所属体型。

一、号型与体型分类

"号"指身高，以厘米表示人体的身高，是成衣结构设计与选购服装长度的依据。

"型"指围度，以厘米表示人体净体胸围和腰围，上装用胸围表示型，下装用腰围表示型，是成衣结构设计与选购服装肥瘦的依据。

需要注意的是，"号型"与"规格"的意义是不同的。号型，指的是人体的净体尺寸（净尺寸）；规格，指的是测量服装的尺寸，即成衣的胸围和腰围。

同时，我国国家标准依据人体胸围和腰围的差数，将男性人体体型分为Y（瘦体）、A

（标准体）、B（偏胖体）、C（胖体）四种类型（表2-6）。其中A体型是人群中比例最大的标准体型。

表2-6　男性人体体型分类 单位：cm

体型类别	Y	A	B	C
胸腰差	17~22	12~16	7~11	2~6

二、号型标志与应用

我国国家标准规定，必须在服装上标明号型，套装中的上下装要分别标明。号型的表示方法是在号与型之间用斜线分开，后面加上体型分类代号，如170/88A。

170 / 88 A
号　　型　体型代号

号型的应用可使用"靠近使用"的方法，如170/88A，即适用于身高170cm左右（168~172cm），胸围约88cm（86~90cm），胸腰差在14~18cm的人。有一些身高，如173cm，可根据自身的骨骼和体型特点归靠，如骨骼较大，可采用175cm的号型。

三、中间体型

中间号型，或称中间体，是指从人体的调查数据中选出的，在各类体型人群中占有最大比例的体型。我国男性的中间体型被认为身高170cm，胸围88cm。

四、号型系列

（一）号型系列定义

号型系列，指号（身高）或型（胸围、腰围）以人体的中间体为中心，按一定规律向两边依次递增或递减。即身高（号）每档以5cm分档，胸围以4cm分档，腰围（型）以4cm、2cm分档，组成我国国家标准5·4系列和5·2系列。

（二）号型系列应用

号型系列是上装以身高与胸围搭配成5·4分档的系列数，下装以身高与腰围搭配成5·4、

5·2分档的系列数。设计套装时，可以选择一个胸围只对应一个腰围，上下装实行5·4系列；也可以选择一个胸围对应两个腰围（即腰围半档排列），上装实行5·4系列，下装实行5·2系列。

五、成衣规格设计

（一）成衣规格

成衣规格，即服装成品的实际尺寸，是以服装号型数据、服装式样为依据，加放适当松量等因素，设计制定的服装成品规格。

成衣规格对服装工业至关重要，直接影响服装成品的销售和服装工业的发展。服装款式造型设计、工艺质量和成衣规格是服装成品构成的三大要素，缺一不可。

对于服装企业打板师而言，成衣尺码规格是展开样板设计的依据，否则无从下手，所以，掌握成衣规格设计知识是非常必要的。

（二）控制部位

控制部位，指设计成衣规格时起主导作用的人体主要部位。在长度方面，有身高、颈椎点高、坐姿颈椎点高、全臂长、腰围高。在围度方面，有胸围、腰围、臀围、颈围及总肩宽。国家标准列出了身高155~190cm的男性这10个控制部位的尺寸，同时也有中间体人体尺寸与分档数值，便于推板时使用（表2-7~表2-12）。

表2-7　$\frac{5\cdot4}{5\cdot2}$ Y号型系列控制部位数据表　　　　单位：cm

部位	Y															
	数值															
身高	155		160		165		170		175		180		185		190	
颈椎点高	133.0		137.0		141.0		145.0		149.0		153.0		157.0		161.0	
坐姿颈椎点高	60.5		62.5		64.5		66.5		68.5		70.5		72.5		74.5	
全臂长	51.0		52.5		54.0		55.5		57.0		58.5		60.0		61.5	
腰围高	94.0		97.0		100.0		103.0		106.0		109.0		112.0		115.0	
胸围	76		80		84		88		92		96		100		104	
颈围	33.4		34.4		35.4		36.4		37.4		38.4		39.4		40.4	
总肩宽	40.4		41.6		42.8		44.0		45.2		46.4		47.6		48.8	
腰围	56	58	60	62	64	66	68	70	72	74	76	78	80	82	84	86
臀围	78.8	80.4	82.0	83.6	85.2	86.8	88.4	90.0	91.6	93.2	94.8	96.4	98.0	99.6	101.2	102.8

表2-8　5·4 / 5·2 A号型系列控制部位数据表

单位：cm

A

部位	数值							
身高	155	160	165	170	175	180	185	190
颈椎点高	133.0	137.0	141.0	145.0	149.0	153.0	157.0	161.0
坐姿颈椎点高	60.5	62.5	64.5	66.5	68.5	70.5	72.5	74.5
全臂长	51.0	52.5	54.0	55.5	57.0	58.5	60.0	61.5
腰围高	93.5	96.5	99.5	102.5	105.5	108.5	111.5	114.5

部位	数值								
胸围	72	76	80	84	88	92	96	100	104
颈围	32.8	33.8	34.8	35.8	36.8	37.8	38.8	39.8	40.8
总肩宽	38.8	40.0	41.2	42.4	43.6	44.8	46.0	47.2	48.4

部位	数值																		
腰围	56	58	60	62	64	66	68	70	72	74	76	78	80	82	84	86	88	90	92
臀围	75.6	77.2	78.8	80.4	82.0	83.6	85.2	86.8	88.4	90.0	91.6	93.2	94.8	96.4	98.0	99.6	101.2	102.8	104.4

表2-9　5·4 / 5·2 B号型系列控制部位数据表

单位：cm

B

部位	数值							
身高	155	160	165	170	175	180	185	190
颈椎点高	133.5	137.5	141.5	145.5	149.5	153.5	157.5	161.5

续表

B

部位	数值							
坐姿颈椎点高	61.0	63.0	65.0	67.0	69.0	71.0	73.0	75.0
全臂长	51.0	52.5	54.0	55.5	57.0	58.5	60.0	61.5
腰围高	93.0	96.0	99.0	102.0	105.0	108.0	111.0	114.0

部位	数值										
胸围	72	76	80	84	88	92	96	100	104	108	112
颈围	33.2	34.2	35.2	36.2	37.2	38.2	39.2	40.2	41.2	42.2	43.2
总肩宽	38.4	39.6	40.8	42.0	43.2	44.4	45.6	46.8	48.0	49.2	50.4

部位	数值																					
腰围	62	64	66	68	70	72	74	76	78	80	82	84	86	88	90	92	94	96	98	100	102	104
臀围	79.6	81.0	82.4	83.8	85.2	86.6	88.0	89.4	90.8	92.2	93.6	95.0	96.4	97.8	99.2	100.6	102.0	103.4	104.8	106.2	107.6	109.0

单位：cm

表2-10　5·4 C号型系列控制部位数据表
　　　　5·2

C

部位	数值										
身高	155	160	165	170	175	180	185	190			
颈椎点高	134.0	138.0	142.0	146.0	150.0	154.0	158.0	162.0			
坐姿颈椎点高	61.5	63.5	65.5	67.5	69.5	71.5	73.5	75.5			
全臂长	51.0	52.5	54.0	55.5	57.0	58.5	60.0	61.5			
腰围高	93.0	96.0	99.0	102.0	105.0	108.0	111.0	114.0			
胸围	76	80	84	88	92	96	100	104	108	112	116

续表

单位：cm

部位	数值（C）										
颈围	34.6	35.6	36.6	37.6	38.6	39.6	40.6	41.6	42.6	43.6	44.6
总肩宽	39.2	40.4	41.6	42.8	44.0	45.2	46.4	47.6	48.8	50.0	51.2

部位	数值（C）										
腰围	70	72	74	76	78	80	82	84	86	88	90
臀围	81.6	83.0	84.4	85.8	87.2	88.6	90.0	91.4	92.8	94.2	95.6
腰围	92	94	96	98	100	102	104	106	108	110	112
臀围	97.0	98.4	99.8	101.2	102.6	104.0	105.4	106.8	108.2	109.6	111

表2-11　服装号型各系列分档数值（Y体型与A体型）

单位：cm

体型	Y								A								
部位	中间体		5·4系列		身高、胸围、腰围每增减1cm		5·2系列		中间体		5·4系列		5·2系列		身高、胸围、腰围每增减1cm		
	计算数	采用数	计算数	采用数	计算数	采用数	计算数	采用数	计算数	采用数	计算数	采用数	计算数	采用数	计算数	采用数	
身高	170	170	5	5	1	1	5	5	170	170	5	5	5	5	1	1	
颈椎点高	144.8	145.0	4.51	4.00	0.90	0.80			145.1	145.0	4.50	4.00	4.00		0.90	0.80	
坐姿颈椎点高	66.2	66.5	1.64	2.00	0.33	0.40			66.3	66.5	1.86	2.00			0.37	0.40	
全臂长	55.4	55.5	1.82	1.50	0.36	0.30			55.3	55.5	1.71	1.50			0.34	0.30	
腰围高	102.6	103.0	3.35	3.00	0.67	0.60	3.35	3.00	102.3	102.5	3.11	3.00	3.11	3.00	0.62	0.60	
胸围	88	88	4	4	1	1			88	88	4	4			1	1	
颈围	36.3	36.4	0.89	1.00	0.22	0.25			37.0	36.8	0.98	1.00			0.25	0.25	
总肩宽	43.6	44.0	1.97	1.20	0.27	0.30			43.7	43.6	1.11	1.20			0.29	0.30	
腰围	69.1	70.0	4	4	1	1	2	2	74.1	74.0	4	4	2	2	1	1	

续表

单位：cm

体型	部位	中间体		5·4系列		5·2系列		身高、胸围每增减1cm	
		计算数	采用数	计算数	采用数	计算数	采用数	计算数	采用数
Y	臀围	87.9	90.0	3.00	3.20	1.50	1.60	0.75	0.80
A	臀围	90.1	90.0	2.91	3.20	1.46	1.60	0.73	0.80

表2-12　服装号型各系列分档数值（B体型与C体型）

单位：cm

体型	部位	中间体		5·4系列		5·2系列		身高、胸围每增减1cm	
		计算数	采用数	计算数	采用数	计算数	采用数	计算数	采用数
B	身高	170	170	5	5	5	5	1	1
	颈椎点高	145.4	145.5	4.54	4.00			0.90	0.80
	坐姿颈椎点高	66.9	67.0	2.01	2.00			0.40	0.40
	全臂长	55.3	55.5	1.72	1.50			0.34	0.30
	腰围高	101.9	102.0	1.98	00	2.98	3.00	0.60	0.60
	胸围	92	92	4	4	5	5	1	1
	颈围	38.2	38.2	1.13	1.00			0.28	0.25
	总肩宽	44.5	44.4	1.13	1.20			0.28	0.30
	腰围	82.8	84.0	4	4	2	2	1	1
	臀围	94.1	95.0	3.04	2.80	1.52	1.40	0.76	0.70
C	身高	170	170	5	5	5	5	1	1
	颈椎点高	146.1	146.0	4.57	4.00			0.91	0.80
	坐姿颈椎点高	67.3	67.5	1.98	2.00			0.40	0.40
	全臂长	55.4	55.5	1.84	1.50			0.37	0.30
	腰围高	101.6	102.0	3.00	3.00	3.00	3.00	0.60	0.60
	胸围	96	96	4	4			1	1
	颈围	39.5	39.6	1.18	1.00			0.30	0.25
	总肩宽	45.3	45.2	1.18	1.20			0.30	0.30
	腰围	92.6	92.0	4	4	2	2	1	1
	臀围	98.1	97.0	2.91	2.80	1.46	1.40	0.73	0.70

六、我国服装号型标准存在的不足

我国的服装号型目前仍有值得研究和改进之处，主要体现在：

（1）受国际贸易的影响，目前我国市场上还有一些应用较多的标示方法，如S、M、ML、L、XL系列，也有以腰围英寸数字28、29、30、31、32……作为尺码标示的下装，或以领围长度38、39、40、41……作为尺码标示的衬衫等，这些系列与国家标准的对应关系并不明确。

（2）在日本和欧美一些国家，有针对不同年龄段的号型标准，这样可以更好地服务不同的人群，如老年人普遍胸腰差量较小，而青年人的体型比较瘦长，如果分出年龄层次，将使国家标准更加系统化，内容也更加完备科学。

（3）我国国家标准的测量部位与服装制图部位不能完全对应，在打板上的应用受到了限制。而其他国家的服装规格表是基于服装部位确定的，使用起来更加直接方便。

第四节　国外男装号型规格与参考尺寸

服装制图需要的尺寸较多，而且尺寸越多、越细，板型的科学性和准确性就会越高。因此在制图前，应多参考相关的规格尺寸，特别是日本、韩国等人体体型与我国接近且数据较全的号型规格。同时应勤于测量，多积累测量经验，建立起自己的人体数据库。

一、国际男装规格与参考尺寸对应表

表2-13~表2-15为男装各类服装的国际规格与参考尺寸对应表，应该注意，表中的对应关系是近似对应，无法做到完全精准。

表2-13　男装便装国际规格及参考尺寸表

国际尺码	欧洲尺码	美国尺码	韩国尺码	中国尺码	胸围（cm）	腰围（cm）	肩宽（cm）	适合身高（cm）
S	46	36	90~95	165/84A	82~85	72~75	42	163~167
M	48	38	95~100	170/88A	82~85	76~79	44	168~172
L	50	40	100~105	175/92A	82~85	80~84	46	173~177
XL	52	42	105~110	180/96A	82~85	85~88	48	178~182
XXL	54	42	>110	185/100A	82~85	89~92	50	183~187
XXXL	56	44		190/104A	82~85	93~96	52	188~192

表2-14　男装正装衬衫国际规格及参考尺寸表

国际尺码	欧洲尺码	美国尺码	韩国尺码	中国尺码	中国衬衫尺码（领围）	衬衫胸围（cm）	衬衫肩宽（cm）	长袖衬衫袖长（cm）	短袖衬衫袖长（cm）
S	37	14.5	90～95	165/80	37	102	45	59.5	23.5
M	38	15	95～100	170/84	38	106	46.2	61	24.5
				170/88	39	110	47.4	61	24.5
L	39	15.5	100～105	175/92	40	114	48.6	62.5	25.5
				175/96	41	118	49.8	62.5	25.5
				180/100	42	122	51	64	26.5
XL	40	16	105～110	180/104	43	126	52.2	64	26.5
				185/108	44	130	53.4	65.5	27.5
XXL	41	16.5	＞110	185/112	45	134	54.6	65.5	27.5

表2-15　男装正装裤子国际规格及参考尺寸表

国际尺码	欧洲尺码	美国尺码	韩国尺码	中国号型（5·2系列）	裤子腰围（cm）	裤子腰围（市尺）	裤子臀围（cm）	裤子臀围（市尺）
—	—	26	—	—	63	1.9	87	2.6
—	—	27	—	—	67	2	90	2.7
XXS	70	28	—	—	70	2.1	93	2.8
XS	72	29	26	160/66A	73	2.2	97	2.9
S	74	30	28～30	165/70A	77	2.3	100	3
M	76	31	32～34	170/74A	80	2.4	103	3.1
L	78	32	36～38	175/78A	83	2.5	107	3.2
XL	80	33	40～42	180/82A	87	2.6	110	3.3
XXL	82	34	45～47	185/86A	90	2.7	113	3.4
	88	36			93	2.8	117	3.5
XXXL	—	38	—	190/90A	97	2.9	123～127	3.6～3.8

二、美国男装规格与参考尺寸表

表2-16～表2-18为美国男装规格及参考尺寸表，在打板制图时可与其他尺寸数据参照使用。

表2-16　美国男装规格及参考尺寸表（正常男性体型）　　　　单位：cm

部位	美国尺码							
	34R	36R	38R	40R	42R	44R	46R	48R
胸围	86.4	91.4	96.5	101.6	106.7	111.8	116.8	121.9
腰围	71.1	76.2	81.3	86.4	91.4	99.1	106.7	111.8
臀围	86.4	91.4	96.5	101.6	106.7	111.8	116.8	121.9
胸宽	35.6	36.8	38.1	39.4	40.6	41.9	43.2	44.5
背宽	38.1	39.4	40.6	41.9	43.2	44.5	45.7	47
背长	44.5	45.1	45.7	46.4	47	47.6	48.3	48.9
肩宽	41.3	42.5	43.8	45.1	46.4	47.6	48.9	50.2
小肩宽	15.2	15.6	15.9	16.2	16.5	16.8	17.1	17.5
颈围	35.6	36.8	38.1	39.4	40.6	41.9	43.2	44.5
臂长	62.5	62.9	63.2	63.5	63.8	64.1	64.5	64.8
上臂围	28.6	30.5	32.4	34.3	36.2	38.1	40	41.9
腕围	16.5	17.1	17.8	18.4	19.1	19.7	20.3	21
股上长	24.8	25.1	25.4	25.7	26	26.4	26.7	27
下裆长	81.3	81.3	81.3	81.3	81.3	81.3	81.3	81.3
侧缝长	106	106.3	106.7	107	107.3	107.6	108	108.2

表2-17　美国男装规格及参考尺寸表（矮个男性体型）　　　　单位：cm

部位	美国尺码							
	34R	36R	38R	40R	42R	44R	46R	48R
胸围	81.3	86.4	91.4	96.5	101.6	106.7	111.8	116.8
腰围	66	71.1	76.2	81.3	86.4	91.4	99.1	106.7
臀围	81.3	86.4	91.4	96.5	101.6	106.7	111.8	116.8
胸宽	34.3	35.6	36.8	38.1	39.4	40.6	41.9	43.2
背宽	36.8	38.1	39.4	40.6	41.9	43.2	44.5	45.7
背长	41.3	41.9	42.5	43.2	43.8	44.5	45.1	45.7
肩宽	40	41.3	42.5	43.8	45.1	46.4	47.6	48.9
小肩宽	14.9	15.2	15.6	15.9	16.2	16.5	16.8	17.1

续表

部位	美国尺码							
	34R	36R	38R	40R	42R	44R	46R	48R
颈围	34.3	35.6	36.8	38.1	39.4	40.6	41.9	43.2
臂长	58.4	58.7	59.1	59.4	59.7	60	60.3	60.6
上臂围	26.7	28.6	30.5	32.4	34.3	36.2	38.1	40
腕围	15.8	16.5	17.1	17.8	18.4	19.1	19.7	20.3
股上长	23.2	23.5	23.8	24.1	24.4	24.8	25.1	25.4
下裆长	76.2	76.2	76.2	76.2	76.2	76.2	76.2	76.2
侧缝长	99.4	99.7	100	100.3	100.6	101	101.3	101.6

表2-18　美国男装规格及参考尺寸表（高个男性体型）　　　单位：cm

部位	美国尺码							
	34R	36R	38R	40R	42R	44R	46R	48R
胸围	91.4	96.5	101.6	106.7	111.8	116.8	121.9	127
腰围	76.2	81.3	86.4	91.4	99.1	106.7	111.8	116.8
臀围	91.4	96.5	101.6	106.7	111.8	116.8	121.9	127
胸宽	36.8	38.1	39.4	40.6	41.9	43.2	44.5	45.7
背宽	39.4	40.6	41.9	43.2	44.5	45.7	47	48.3
背长	47.6	48.3	48.9	49.5	50.2	50.8	51.4	52.1
肩宽	42.5	43.8	45.1	46.4	47.6	48.9	50.2	51.4
小肩宽	15.6	15.9	16.2	16.5	16.8	17.1	17.5	17.8
颈围	36.8	38.1	39.4	40.6	41.9	43.2	44.5	45.7
臂长	66.7	67	67.3	67.6	67.9	68.3	68.6	68.9
上臂围	30.5	32.4	34.3	36.2	38.1	40	41.9	43.8
腕围	17.1	17.8	18.4	19.1	19.7	20.3	21	21.6
股上长	26.4	26.7	27	27.3	27.7	27.9	28.3	28.6
下裆长	86.6	86.6	86.6	86.6	86.6	86.6	86.6	86.6
侧缝长	112.7	113	113.3	113.7	114	114.3	114.6	114.9

三、日本男装规格与参考尺寸表

表2-19为日本男装规格及参考尺寸表。日本男性体型与我国男性体型近似，因此日本男装规格尺寸的参考性较强，在打板制图时可与其他尺寸数据一起参照使用。

表2-19　日本男装规格及参考尺寸表（JIS男装专用）　　　　单位：cm

日本规格	身高	胸围	腰围	臀围	上衣长	肩宽	袖长	袖口	股下长	股上长	裤口	背长	领围
86YA3	160	86	72	88	68	42	54.5	13.8	70	22.5	21.5	39	36.5
88YA4	165	88	74	90	70	42.5	56	14	72	23	22	40	37
90YA5	170	90	76	92	72	43	57.5	14	74	23.5	22	41	37.5
92YA6	175	92	78	94	74	43.5	59	14.2	76	24	22.5	42	38
94YA7	180	94	80	96	76	44	60.5	14.2	78	24.5	22.5	43	39
88A3	160	88	76	90	68	43	54.5	13.8	69	23.5	22	39	37
90A4	165	90	78	92	70	43.5	56	14	71	24	22.5	40	37.5
92A5	170	92	80	94	72	44	57.5	14	73	24.5	22.5	41	38
94A6	175	94	82	96	74	44.5	59	14.2	75	25	23	42	39
96A7	180	96	84	98	76	45	60.5	14.2	77	25.5	23	43	40
90B3	160	90	82	94	68	44	54.5	14	69	25	22.5	39	37.5
92B4	165	92	84	96	70	44.5	56	14.2	71	25.5	23	40	38
94B5	170	94	86	98	72	45	57.5	14.2	73	26	23	41	39
96B6	175	96	88	100	74	45.5	59	14.4	75	26.5	23.5	42	40
98B7	180	98	90	102	76	46	60.5	14.4	77	27	23.5	43	41
92BE3	160	92	88	98	68	44.5	54.5	14.3	68	26.5	23	39	38
94BE4	165	94	90	100	70	45	56	14.3	70	27	23.5	40	39
96BE5	170	96	92	102	72	45.5	57.5	14.5	72	27.5	23.5	41	40
98BE6	175	98	94	104	74	46	59	14.5	74	28	24	42	41
100BE7	180	100	96	106	76	46.5	60.5	14.7	76	28.5	24	43	42
94E3	160	94	94	102	68	45.5	54.5	14.8	64	28	23.5	39	39
96E4	165	96	96	104	70	46	56	14.8	66	28.5	24	40	40
98E5	170	98	98	106	72	46.5	57.5	15	68	29	24	41	41
100E6	175	100	100	108	74	47	59	15	70	29.5	24.5	42	42
102E7	180	102	102	110	76	47.5	60.5	15.2	72	30	24.5	43	43

四、英国男装规格与参考尺寸表

表2-20和表2-21为英国男装规格及参考尺寸表，在打板制图时可与其他尺寸数据参照使用。

表2-20　英国男装规格及参考尺寸表（35岁以下男子）　　　单位：cm

部位	各档尺寸							备注
身高	170~178							
胸围	84	88	92	96	100	104	108	
臀围	86	90	94	98	102	106	110	
腰围	66	70	74	78	82	86	90	
低腰围	69	73	77	81	85	89	93	腰线以下4cm
背长	43	43.4	43.8	44.2	44.6	45	45	
背宽	18	18.5	19	19.5	20	20.5	21	总背宽/2
股上长	25.4	25.8	26.2	26.6	27	27.4	27.8	
股下长	77	78	79	80	81	82	82	
腕围	16	16.4	16.8	17.2	17.6	18	18.4	
袖长	60.3	60.9	61.5	62.1	62.7	63.3	63.3	
衬衫袖长	63	63.6	64.2	64.8	65.4	66	66	
衬衫长	74	76	78	80	80	80	80	
衬衫袖口（围）	22	22	22.5	22.5	23	23	23.5	
袖口（围）	25	26	27	28	29	30	31	
领围	36	37	38	39	40	41	42	衬衫
裤口宽	23	23.5	24	24.5	25	25.5	26	

表2-21　英国男装规格及参考尺寸表（成年男子一般体型）　　　单位：cm

部位	各档尺寸									备注
身高	170~178									
胸围	88	92	96	100	104	108	112	116	120	
臀围	92	96	100	104	108	114	118	122	126	
腰围	74	78	82	86	90	98	102	106	110	
低腰围	77	81	85	89	93	100	104	108	112	腰线以下4cm

部位	各档尺寸									备注
身高	170~178									
背长	43.4	43.8	44.2	44.6	45	45	45	45	45	
背宽	18.5	19	19.5	20	20.5	21	21.5	22	22.5	总背宽/2
股上长	25.8	26.2	26.6	27	27.4	27.8	28.2	28.6	29	
股下长	78	79	80	81	82	82	82	82	82	
腕围	16.4	16.8	17.2	17.6	18	18.4	18.8	19.2	19.6	
袖长	60.9	61.5	62.1	62.7	63.3	63.3	63.3	63.3	63.3	
衬衫袖长	63.6	64.2	64.8	65.4	66	66	66	66	66	
衬衫长	76	78	80	81	81	82	82	82	82	
衬衫袖口（围）	22	22.5	22.5	23	23	23.5	23.5	24	24	
袖口（围）	27	28	29	30	31	31.6	32.2	32.8	33.4	
领围	37	38	39	40	41	42	43	44	45	衬衫
裤口宽	23.5	24	24.5	25	25.5	26	26	26	26	

第三章

PART 3

男装基本纸样
与制图方法

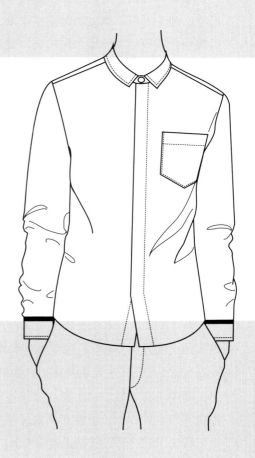

按照操作方式的不同，结构设计可大致分为平面法和立体法两大类。其中平面法又可分为定寸法、比例法和基本纸样法（原型法）等。男装款式具有较强的稳定性和传承性，因此更适合使用平面制图法。平面制图法具有很强的理论性，尺寸较为固定，比例分配相对合理，具有较强的操作稳定性和广泛的可操作性。对于西装、夹克、衬衫以及职业装等款式相对固定的产品而言，不必经常调整板型，一套准确、稳定的纸样可稍做修改或直接用于裁剪，因此有利于提高生产效率。

本教材采用平面制图法中的基本纸样制图法。所谓基本纸样制图法，是指根据人体的尺寸，考虑呼吸、运动和舒适性要求，绘制出合乎人体体型的基本衣片结构，即原型，然后按照款式设计在原型上做加长、放宽、缩短、省道变换、分割线设置、褶裥等调整和处理，从而得到服装结构图的方法。

基本纸样制图法不仅是一种纸样绘制方法，更是一种结构处理方法和一种科学有效的设计思路。它根植于人体，依托几何的科学原理，有利于帮助初学者建立人体意识，并提供保证衣片合体度的基本保障。其系统的纸样处理方法也有利于学习者进一步深入研究、灵活应用。使用原型法，还可以促进款式设计思路，真正达到结构设计的目的。

第一节　男装基本纸样的分类

基本纸样，又称原型，是指满足服装最基本款式，符合人体基本形态，具有较舒适的放松量和活动量，廓型较为合体的衣片。

基本纸样的目的在于获得人体的平面轮廓拓图，同时衣片里含有平均服装放松量，能够直接用于裁剪大多数常见廓型的服装裁片，对于那些紧身或宽松廓型，通过简单的放松量加减处理，也能形成一定的规则，从而科学合理地进行操作，提高裁剪的效率，降低难度。

必须说明的是，由于存在操作者或制作者对服装的放松量、美观度、舒适度等细节的主观判断不同，以及服装产品的风格定位不同、面向的设计对象不同等变化因素，因此得到男装基本衣片的过程存在较多人为决定的因素，基本衣片的形状并没有固定标准。

就目前各个企业、机构或个人发布的基本纸样可做以下分类：

（1）按照纸样的服务对象，可分为群体原型和个体原型。

例如，由于品牌服务对象的年龄不同，一些面向年轻群体的设计作品普遍追求瘦削挺拔的外观效果，无论衣片的围度还是内部结构都与面向中年人的服装存在较大差异。

成熟的服装品牌面向特定的目标客户，有特定的年龄段、品牌风格，往往也会有特殊的板型处理手法。研发出具有品牌性格的基本纸样，能使一系列的结构设计都具备这种风格特征，这就是企业原型。

很多面向个人用户的工作室，则完全使用量体裁衣的模式，在基本纸样里全部使用个人的人体数据，仅适用于单一用户。个体原型的适体性较强，在以男装定制闻名的英国萨维尔街，最主要的业务就是为个体用户提供专属的板型和服装。在当今注重用户体验和个性化设计的大环境下，随着电脑技术的全面深度辅助，个体板型技术越来越受到广泛重视。

（2）按照服装种类，可分为西装原型和日常装原型。

男性服装款式与社交场合的正式等级关联度很高，可分为正装和休闲装两大类。在结构上，西装外套、正式大衣、礼服等正装领型为翻驳领，肩部、袖子、衣身结构都有固化结构，当企业或技术人员的产品主要是正装的时候，可采用西装原型进行制图（图3-1）❶；衬衫、夹克、卫衣、T恤等日常装领口为圆弧形，对肩线、袖子合体度的要求低于西装，如果使用西装原型制图，将增加很多修改原型的麻烦，这时，可使用日常装原型进行制图。

西装原型和日常装原型都以人体为基础，因此在结构上有紧密的内在联

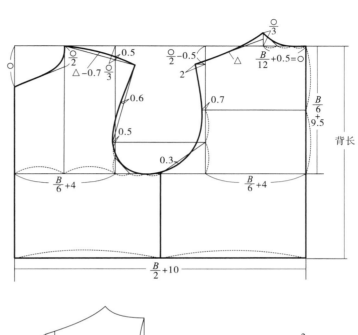

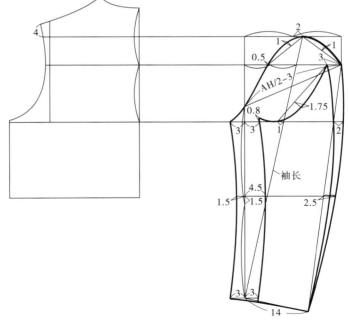

图3-1　西装原型

---

❶ 刘瑞璞. 服装纸样设计原理与应用[M]. 北京：中国纺织出版社，2014：119-128.

接，彼此之间可以通过数据和线条调整，进行互相转换。图3-2在图3-1西装原型基础上修改了领口、肩线、袖窿和侧缝，可作为日常装原型使用。

考虑到男装越来越简便化和休闲化的趋势，本教材采用日常装基本纸样进行男装结构系统化讲解。

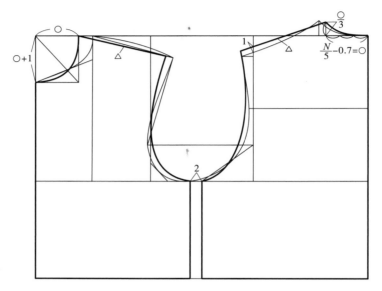

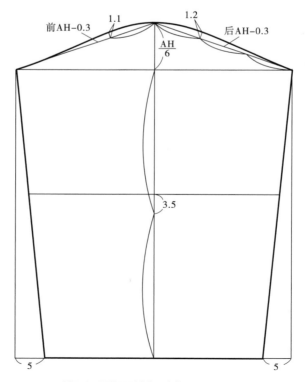

图3-2　西装原型改为日常装原型

（3）按照体型的胖瘦，可分为正常体型原型、瘦体原型和胖体原型。

（4）按照各国的人体特征、裁剪习惯和审美习惯，可分为中国原型、日本原型、美国原型等。

不同国家的男装裁剪技巧有明显区别。由于各个国家和地区人群的体型存在差异，欧美男性普遍肩宽、背厚、肌肉发达；非洲男性躯干短、四肢长、臀部翘度大。在幅员辽阔的亚洲，以我国为代表的蒙古人种骨架普遍小于欧美的欧罗巴人种和尼格罗人种，背部较为挺直，薄肩瘦臀；泰国、越南等国家的男性体型普遍矮小瘦削；而地处南亚的印度，其男性体型又较为宽硕。纸样实际上是人体平面轮廓的相似拓片，因此，当人体特征发生变化的时候，纸样的轮廓、尺寸和结构也必然产生相应变化。

第二节　制图符号与人体部位代号

服装纸样上有各种线和点，有一些线是辅助线，有一些线是裁剪线，还有一些部位需要特殊工艺处理。本书采用如下制图符号和人体部位代号（表3–1、表3–2），表示纸样制图的不同意义和处理方式。

表3-1　服装制图符号

序号	符号名称	符号形式	说明
1	辅助线	————————	表示：①服装结构的基本线；②尺寸线和尺寸界线；③引出线
2	轮廓线	————————	表示：①服装和零部件轮廓线；②部位轮廓线
3	明线或装饰线	- - - - - - - - - -	①背面轮廓影示线，表示衣片重叠，被遮盖住的衣片轮廓线；②缝纫明线符号；③翻折符号
4	双折线	- · - · - · - · - ·	表示以此线为对称轴，将衣片对称裁剪
5	等分线		表示将某线段划分成若干等份
6	经向	←——————→	布纹符号，表示面料的经向

序号	符号名称	符号形式	说明
7	省道		省结构的缝合线
8	重叠		表示两个衣片有一部分重叠在一起，用重叠符号表示重叠部分的各自归属衣片
9	缩缝		表示该部位缝合时收缩
10	褶裥		表示服装上的规则褶，如倒褶、对褶等；阴影斜线的方向是布料压褶的方向
11	等量	△、□、◇、▲、○、◎	表示不同部位的线条长度对应相等
12	拼合		表示将不同衣片上切割下来的部分或两个衣片合并在一起，成为一片
13	直角		表示两线垂直相交成90°
14	切展		表示沿图样中的线剪切开

表3-2 人体部位及尺寸常用代号

序号	中文	英文	代号
1	胸围	Bust girth	B
2	腰围	Waist girth	W
3	臀围	Hip girth	H
4	领围	Neck girth	N
5	胸围线	Bust line	BL
6	腰围线	Waist line	WL
7	臀围线	Hip line	HL
8	领围线	Neck line	NL
9	肘线	Elbow line	EL
10	膝盖线	Knee line	KL
11	胸点	Bust point	BP
12	颈肩点	Neck point	NP
13	袖隆	Arm hole	AH
14	长度	Length	L

　　正确使用符号是制板规范的要求之一，符号是无声的语言，表达制板者的设计与处理意图（图3-3）。乱使用符号，将使纸样表达的意义发生错误。

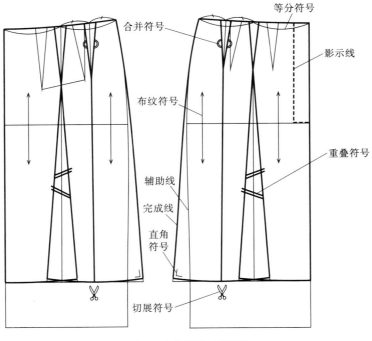

图3-3　各种符号的实际运用

第三节　男装基本纸样的制图方法

一、基本纸样各部位名称与服装的对应关系

为节约时间、提高效率，使左右身更加对称，基本纸样采用半身裁剪纸样。按照行业惯例，女装纸样为右半身，男装纸样为左半身。

男装基本纸样包括上身基本纸样和袖子基本纸样。基本纸样各部位的名称见图3-4。

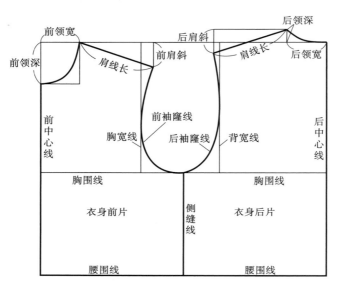

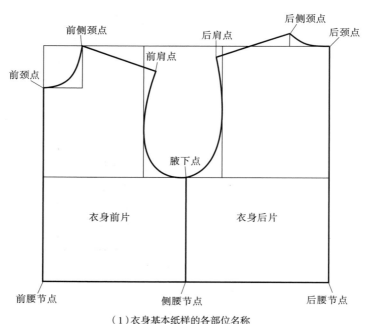

（1）衣身基本纸样的各部位名称

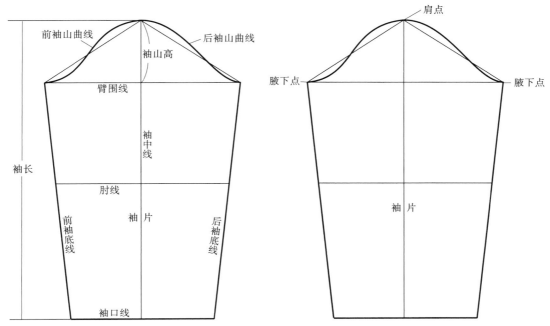

（2）袖子基本纸样的各部位名称

图3-4　基本纸样的形状与各部位名称

二、基本纸样的制图方法

（一）制图数据

基本纸样的制图数据见表3-3。

表3-3　基本纸样制图数据　　　　　　单位：cm

身高	胸围	腰围	总肩宽	背长	全臂长
170	88	74	43.6	43	55.5

（二）上衣基本纸样

上衣基本纸样见图3-5。

（三）袖子基本纸样

袖子基本纸样见图3-6。

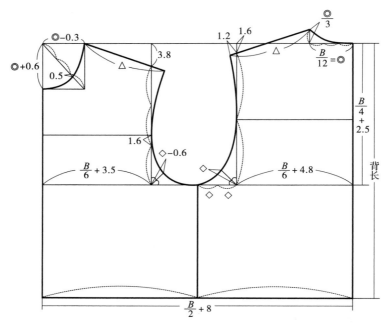

图3-5　上衣基本纸样的结构制图方法

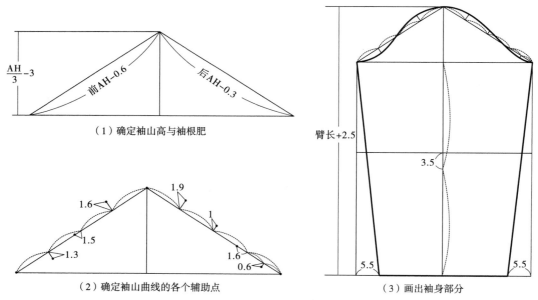

（1）确定袖山高与袖根肥

（2）确定袖山曲线的各个辅助点

（3）画出袖身部分

图3-6　袖子基本纸样的结构制图方法

（四）制图过程

1. 衣片基本纸样的绘制方法

（1）绘制衣片外轮廓长方形：长方形的长为$B/2+8$cm，由于是半身制图，所以原型的整体胸围规格为B+16cm，其中16cm是基本纸样的胸围放松量；长方形的宽为背长尺寸。

（2）绘制胸围线：从长方形的上边向下测量B/4+2.5cm，画出一条水平线，此线可近似视为胸围线，亦可称为袖窿深线。

（3）绘制侧缝：将袖窿深线二等分，向下画出一条垂线，此线为前、后片的交界线，即原型侧缝所在的位置。

（4）绘制胸宽线与背宽线：从袖窿深线左端点向右量取B/6+3.5cm，向上画垂线，这条线为胸宽线；从袖窿深线右端点向左量取B/6+4.8cm，向上画垂线，这条线为背宽线。

（5）绘制后领围线：从长方形的右上顶点（后颈点）向左测量B/12，因为这个数值常用，因此标记为◎，从这个点垂直向上测量◎/3，得到后侧颈点。从后侧颈点向后颈点引一条曲线，在距后颈点1/3处与长方形的上水平线相切，这条曲线为后领围线。

（6）绘制前领围线：以长方形的左上端点为基准，做出一个小长方形，长为◎−0.3cm，高为◎+0.6cm。连接小长方形的对角线，将对角线三等分，在右下1/3处向下取0.5cm，为前领围切线点。从小长方形的右上端点（前侧颈点），经过对角线上的切线点，至小长方形的左下前颈点，画一条圆顺的曲线，这条线为前领围线。

（7）绘制后肩线：从背宽线上端点向下量取1.6cm作为辅助点，与后侧颈点连接，并延长1.2cm，这条线是后肩线。

（8）绘制前肩线：从胸宽线上端点向下量取3.8cm作为辅助点，与前侧颈点连接，并延长此线条，使之与后肩线长度相等，这条线是前肩线。

（9）绘制袖窿弧线：以前、后肩点为端点，经过图上所示的各辅助点，绘制出一条圆顺的弧线，得到袖窿弧线。

2. 袖子基本纸样的绘制方法

（1）绘制袖山底线、袖中线和袖山高：画出两条垂直相交的直线，水平线为袖山底线，垂直线为袖中线；从两条线的交点向上量出袖山高长度AH/3−3cm。

（2）绘制袖山曲线：从袖山顶点向左边的袖山底线量取前AH−0.6cm，画出一条直线，为前袖山曲线的辅助线；向右边量取后AH−0.3cm，画出一条直线，为后袖山曲线的辅助线。将前袖山辅助线从上到下分为四等分，第一等分点垂直于辅助线向上1.6cm，第二等分点沿袖山辅助线向下1.5cm，第三等分点垂直于辅助线向下1.3cm；将后袖山辅助线四等分，第一等分点垂直于辅助线向上1.9cm，第二等分点垂直于辅助线向上1cm，第三等分点沿辅助线向上1.6cm，第四等分点再次平分，平分点垂直于辅助线向下0.6cm。经过这些辅助点，绘制一条圆顺的曲线，作为袖山曲线。

（3）绘制前、后袖底线和袖口线：从袖山顶点向下量取袖长，参考尺寸为臂长+2.5cm，找到袖口的位置。从袖山曲线的两端点向下画垂线，垂线与袖口交点处向内收5.5cm，得到袖口线；连接袖口两端和袖山曲线两端点，得到前、后袖底线。

（五）纸样的修正与复核

基本纸样画好后，必须对纸样的准确性、各衣片彼此连接处和缝合处进行复核，以保证后续的裁剪与缝制环节顺利进行。需要复核的位置如下：

（1）上身的前后衣片以前、后中线为对称轴，裁剪为整个衣片后，领口在前颈点处是否圆顺。

（2）前后衣片缝合后，前、后领口在侧颈点、肩点处连接是否圆顺。

（3）袖底缝缝合后，袖山曲线的连接处是否圆顺（图3-7）。

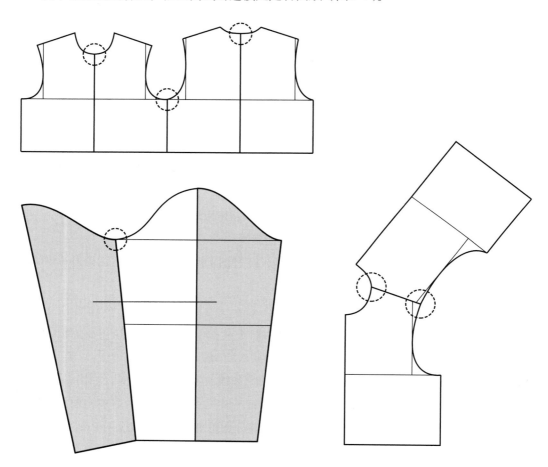

图3-7 复核领口、肩袖连接处等是否圆顺

本套基本纸样为半身纸样，半身胸围的放松量为8cm，即胸围的整体放松量为16cm，成衣规格为104cm。如果将人体看作圆柱体近似计算，基本纸样与人体之间胸围处的空隙约为2.5cm。其尺寸与放松度比较适合制作穿着较为舒适的合体衬衫和略有些紧身的外套等服装。

第四章

PART 4

男装部件结构设计

按照人体运动体块和工业生产惯例，一般可将服装分为衣身、领子、袖子等部件，以及领口、门襟、口袋等细部件。领、袖等部件对应人体特定部位，门襟、口袋等细部件具有特殊功能，它们都有自身的独特结构与变化规律。正是部件与细部件的款式变化共同组成了成衣的款式细节特征。由于男装结构保守性和稳定性的特点，部件和细部件有一些典型的传统结构，相对来说不宜产生太大变化，尺寸变化较小。

第一节　男装领口结构设计

与女装变化多样的领口形状不同，男装成衣领口一般为圆形，也有方形、V形，而女装的深V形领、深U形领、鸡心领等装饰感较强的领型在男装上较为罕见。不论领口形状如何，结构设计的方法都是在基本纸样的领口上直接修改。根据新领口的位置，可分为向下修改的领口和向上修改的领口两种情况。

一、向下修改的领口

领口向下修改后，领围往往会扩大。这种修改方法不仅是为了获得新的领口款式，而且当设计秋冬季服装的时候，为了增加内部衣物的容量，往往也要扩大领口。向下修改的常见领口形状与纸样修改方法见图4-1。

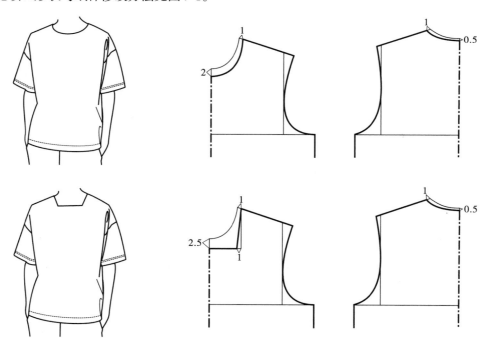

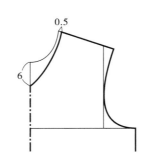
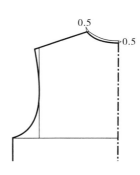

图4-1　向下修改的领口款式与纸样

二、向上修改的领口

　　有的款式领口位置位于颈围线之上，遮盖住一部分颈部。在设计这种领口时，应注意其位置不宜过高（图4-2）。因为颈部是活动频繁的部位，过高的领口容易造成活动不便的问题。同时应测量此时领口的围度，如果是套头款式的服装，领口的最大围度（领口净围度+面料弹性形成的拉伸量）应大于头围，保证正常穿着，否则应在服装上设置合理的开口位置。

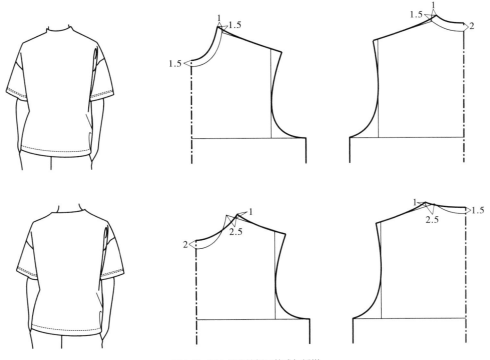

图4-2　向上修改的领口款式与纸样

第二节　男装领型结构设计

一、无领

无领，指没有单独领结构的领型。一般来说，男装的无领领口按照面料，可分为梭织面料和针织面料两大类，按照形状，又可分为圆形领、V形领等（图4-3）。由于服装的面料弹性不同，无领领口的工艺处理方式也不相同，因此无领的结构设计不仅应考虑领口形状的设计和修改，也要根据工艺方法画出相应的细部件纸样。

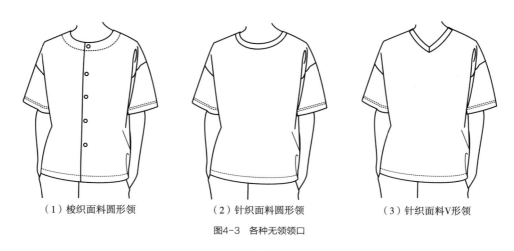

（1）梭织面料圆形领　　　　　（2）针织面料圆形领　　　　　（3）针织面料V形领

图4-3　各种无领领口

（一）梭织面料无领

梭织面料的无领领口一般采用贴边的工艺处理方法，裁出与衣片领口形状相同的宽为4cm左右的布条，即贴边，与领口缝合后，反折到衣片里面（图4-4）。

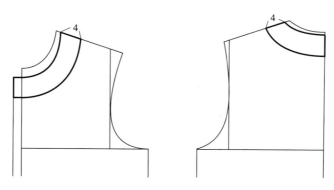

图4-4　梭织面料无领的贴边纸样

（二）针织面料无领

1. 圆形领

针织面料圆形领口一般使用罗纹面料作为嵌条与衣片领口缝合。

（1）在衣片上画出罗纹领口所在的位置和宽度，罗纹领口的常见宽度为1.9~3.2cm，其中在T恤上宽度为1.9cm的罗纹领口最为常见。

（2）画出罗纹纸样。应注意，虽然衣片领口的长度为○'+△'，但由于罗纹面料弹性较好，罗纹纸样的长度与领口上边缘○+△相等即可，缝合时可拉伸罗纹，使其与衣片领口长度相等；裁剪时罗纹为整条双层裁剪，长度为（○+△）×2，宽度为纸样宽度×2；缝纫时，罗纹缝合起点为左侧侧颈点向后1.3~2.5cm（图4-5）。

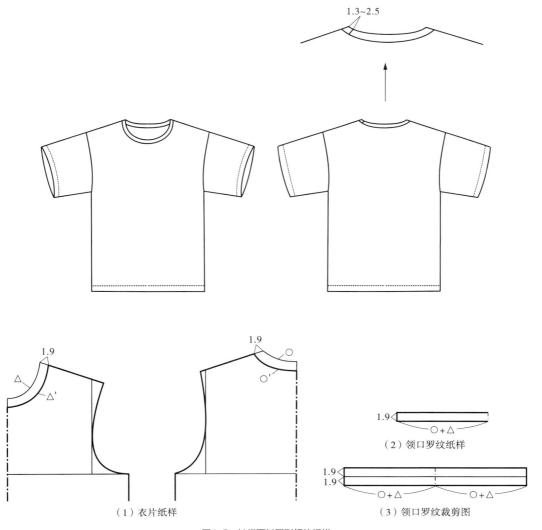

图4-5　针织面料圆形领的纸样

2. V形领

V形罗纹领的裁剪应注意以下要点：

（1）V形领的领口线条较直，为保证成衣的领口形态，以后颈点向上抬高1cm为宜。

（2）由于罗纹是前、后领口整体裁剪缝合的，必须保证前、后领口在侧缝处接合圆顺，因此制图时可旋转移动后片，使前、后片的肩线重合；在设计领口线时，领口应整体圆顺。

（3）由于罗纹弹性的原因，罗纹裁剪的长度仍旧为罗纹位置的外侧边缘长度〇。

（4）罗纹的领中心尖端处夹角应与前片的领口尖端夹角形状完全一致，因此将领口形状复制到罗纹纸样上，使两者的尖端处线条重合，画出尖角形状。

（5）罗纹纸样在长度和宽度方向上均对称裁剪，获得双层、左右连贯的罗纹裁片。

具体纸样绘制方法见图4-6。

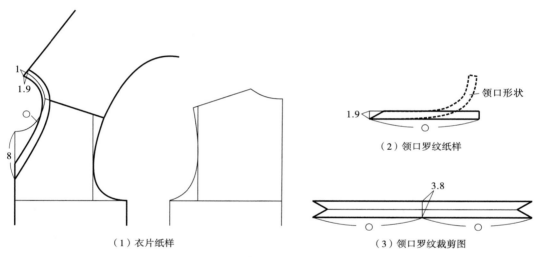

（1）衣片纸样　　（2）领口罗纹纸样　　（3）领口罗纹裁剪图

图4-6　针织面料V形领的纸样

3. 前开口式圆形领

这种前开口式圆形领是POLO衫领口的简化版。梭织和针织面料服装都能采用，可以较好地改善穿脱的问题。纸样的制图方法见图4-7。

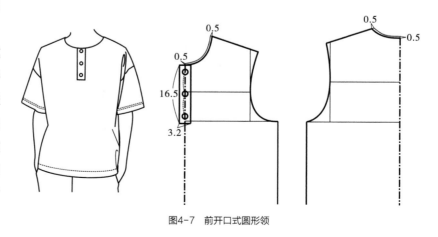

图4-7　前开口式圆形领

二、立领

立领对颈部包裹严密，其与人体之间的空隙小，活动余量小，前领的竖立形态约束了人体颈部向前的随意活动，对人体体态有较好的规范作用，外观形态端正严谨，是制服常用的领型之一。立领的结构较为简单，款式差异主要体现在细节上，根据立领的整体形态、领角形状和面料等，可对立领做以下分类：

1. 按立领的整体形态分

按照立领的整体形态，可将立领分为直角式立领、锐角式立领和钝角式立领。

立领的常见领高一般为2.5~4cm，起翘量是控制立领造型和贴体程度的决定因素。起翘量的方向和大小不同，可获得长方形、上弧扇形、下弧扇形的纸样形状，从而实现领子不同的外观效果（图4-8）。

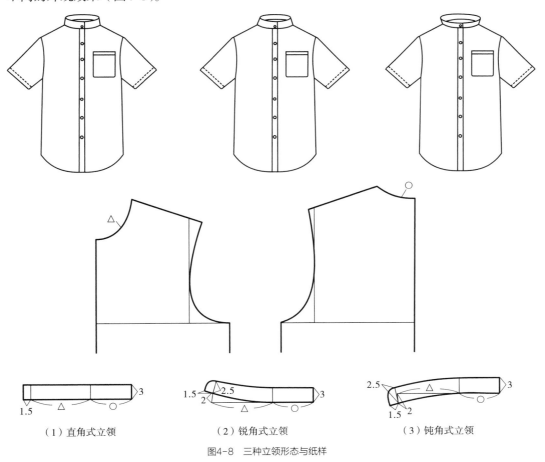

（1）直角式立领　　　　　（2）锐角式立领　　　　　（3）钝角式立领

图4-8　三种立领形态与纸样

2. 按立领领角的形状分

按照立领领角的形状，可将立领分为圆角形立领、方角形立领和翼领。

　　圆角形立领在各种中式袍褂上较为常见，方角形立领常用于学生装和制服领型，翼领是西式礼服系统组成的单品之一，常与晚礼服、领结搭配穿着（图4-9）。

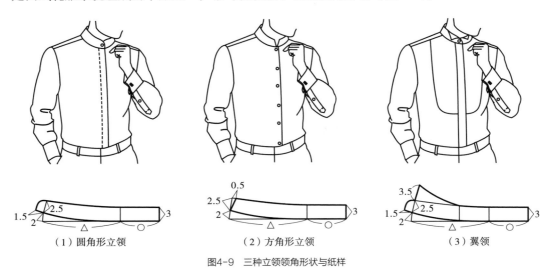

（1）圆角形立领　　　　　　（2）方角形立领　　　　　　（3）翼领

图4-9　三种立领领角形状与纸样

3. 按立领的面料分

　　按照立领的面料，可将立领分为梭织立领和针织（罗纹）立领。

　　针织（罗纹）立领用于运动服，由于罗纹面料弹性的原因，所以裁剪时的领片形状、尺寸设定与梭织立领有一定的区别。一是领片应按照直角式立领的方法裁剪；二是领子的上口线保持为直线，采用罗纹的整布边；三是立领的领口缝合线长度为衣片前领口长度 $\triangle$ ×（80%～85%）＋衣片后领口长度○×（85%～90%），利用罗纹的弹性实现锐角式立领的外观效果（图4-10）。

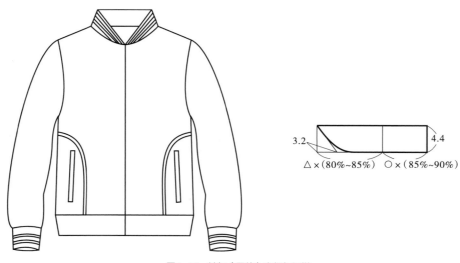

图4-10　针织（罗纹）立领与纸样

三、连体翻领

连体翻领常用于休闲衬衫、外套、POLO衫等服装上，是由一整片领片翻折出领座和领面两部分的领子款式。连体翻领的内在结构与立领相同，是立领的翻折穿着方式，因此可认为是立领的变化款（图4-11）。

图4-11 连体翻领与立领的内在关联

（一）梭织面料连体翻领

按照翻领的翻折形态，可采用钝角式立领或锐角式立领的结构绘制翻领纸样。钝角式立领结构容易翻折，领子离颈部较远，整体比较宽松；锐角式立领结构不易翻折，领子紧贴颈部，因此领子的高度不宜过高（图4-12）。

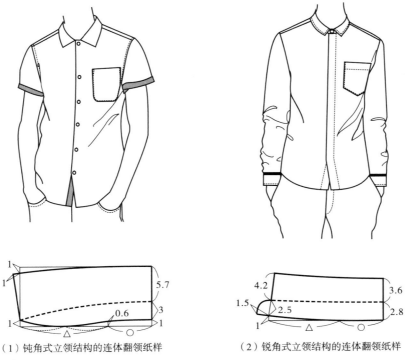

（1）钝角式立领结构的连体翻领纸样　　　（2）锐角式立领结构的连体翻领纸样

图4-12 两种形态的连体翻领

（二）针织面料（罗纹）连体翻领

针织面料的连体翻领在POLO衫上最为常见，POLO衫使用的罗纹组织较为紧密，弹性略小，因此领片的领口尺寸采用前领口长度△×97%+后领口长度○×93%（图4-13）。

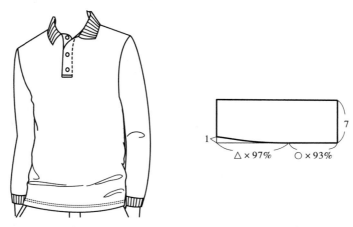

图4-13　罗纹面料的连体翻领

四、分体翻领

分体翻领的外形与连体翻领大致相似，但结构不同。分体翻领的领座与领面是分开裁剪的两部分，在领子的翻折线上有一条缝合线。这种断开式结构有利于领座与领面有各自独立的结构，贴紧颈部，因此分体翻领的造型更加贴体、严谨。分体翻领常用于打领带的正式衬衫和制服上。

正式服装的细部件常体现出规范化的特点，即变化范围是有限的，有经典的款式造型，不宜对个性化设计开放。分体翻领也具有这样的特点，随着地理、历史、文化及时尚演变积淀下来的常见分体翻领见图4-14。

分体翻领衬衫一般内穿在西装里面，只有领子和一部分门襟露在外面。同时，由于衬衫形制较为固定，这部分露出

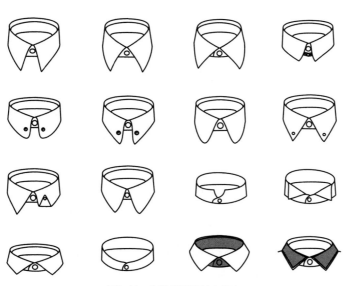

图4-14　分体翻领的领角与领座

的衬衫部位常成为视觉重点。领子和门襟的时尚化设计往往是强调性的，如车缝不同颜色的明线或采用手缝明线工艺，或车缝饰带、镶边等（图4-15）。

图4-15　衬衫领子和门襟的时尚化设计

在分体翻领的纸样中，领座高一般为2.5～3cm，领面高一般为领座高+（1～1.5）cm，这样才可遮盖住领口缝合线。前领口形状和领角形状可根据款式自己设计（图4-16）。

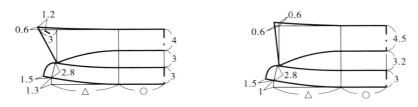

图4-16　分体翻领的纸样示例

五、翻驳领

翻驳领是一种正式程度较高的领型，外观稳重大方，常用在西服套装、大衣上。常见的翻驳领有平驳领、青果领与戗驳领三种结构（图4-17），其中青果领和戗驳领是两种传统经典的领型，起源于男装的礼服，因此正式级别较高。日常翻驳领最常见的是平驳领。

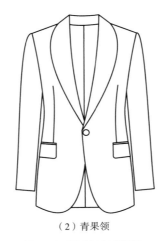

（1）平驳领　　　　　　　　　　（2）青果领　　　　　　　　　　（3）戗驳领

图4-17　常见的三种翻驳领

（一）翻驳领的结构与款式变化

翻驳领由两部分组成，一部分是由衣身直接延伸的、覆盖在左右胸部的部分，称为"驳领"；另一部分是串接在驳领上的翻领部分。翻驳领常见的款式变化因素有第一粒扣所在位置、串口线的位置高低与倾斜程度、驳领领宽、领嘴（包括领嘴形状、形式、上下边长短、夹角）等（图4-18）。

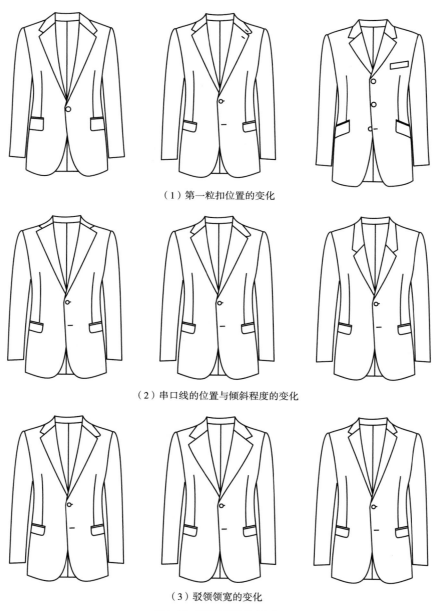

（1）第一粒扣位置的变化

（2）串口线的位置与倾斜程度的变化

（3）驳领领宽的变化

图4-18　翻驳领常见款式变化

（二）翻驳领的纸样制图方法

1. 翻驳领的分步制图过程

翻驳领纸样的制图过程较为复杂，图4-19所示为其分步制图步骤。翻驳领的领座宽一般为2.5～3cm，领面宽一般为领座宽+1cm，控制翻驳领的结构要素为倒伏量，一般为2.5～3.8cm，与领口高低、领子外观效果有关。翻驳领中翻领部分的纸样处理过程见图4-20。

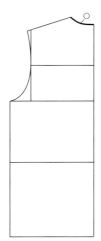

（1）量取后片的领围

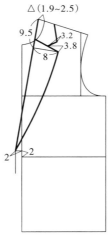

（2）在前片上设计出翻驳领的外观，串口线、领角的夹角等可以自行设计，注意各部位尺寸的比例关系

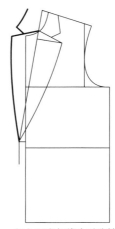

（3）以翻折线为对称轴，将设计的翻驳领对称到翻折线左边

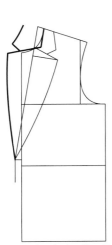

（4）反向延长串口线，从侧颈点引一条翻折线的平行线，与串口线延长线相交

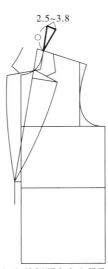

（5）从侧颈点向上量取后领围尺寸，向右边旋转2.5～3.8cm，作为领片的后领口缝合线

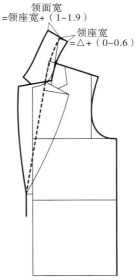

（6）在后领口缝合线的端点作垂线，在垂线上量取领座宽度和领面宽度，向下与翻领部分、翻折线连接，完成制图

图4-19　翻驳领纸样的分步制图过程

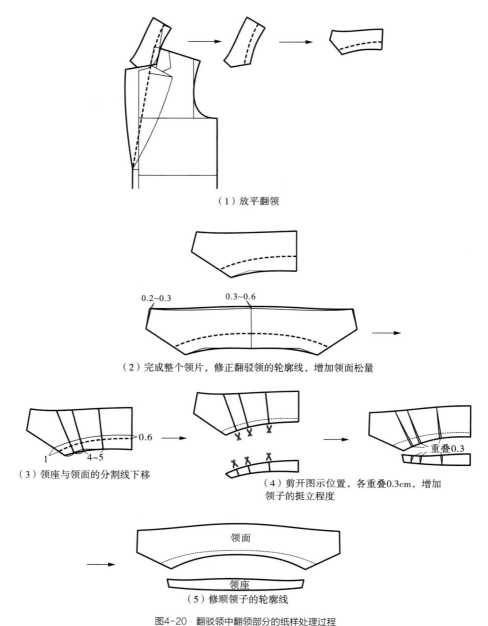

（1）放平翻领

（2）完成整个领片，修正翻驳领的轮廓线，增加领面松量

（3）领座与领面的分割线下移

（4）剪开图示位置，各重叠0.3cm，增加领子的挺立程度

领面

领座

（5）修顺领子的轮廓线

图4-20　翻驳领中翻领部分的纸样处理过程

2. 翻驳领的尺寸变化

翻驳领的第一粒扣位置决定了领子的长短，串口线位置与倾斜程度、驳领的宽度、翻领的领座与领面宽，都可根据款式要求进行设定（图4-21）。在设定尺寸的时候，应当注意各部位尺寸比例的合理性与和谐性。

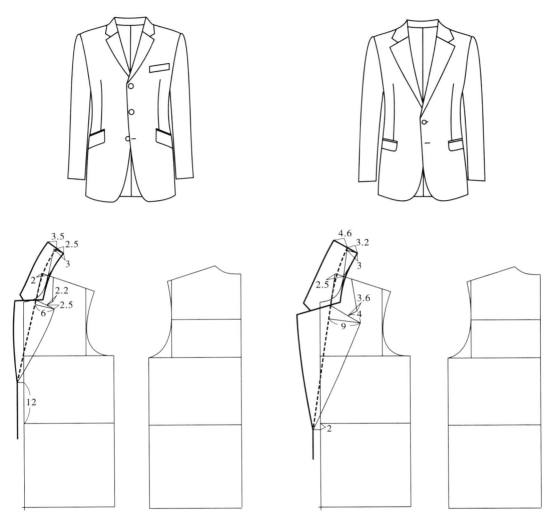

图4-21　翻驳领的尺寸变化

3.青果领与戗驳领的纸样制图方法

（1）青果领：是一种正式级别较高的领型，常见于塔士多西服、晨礼服等礼仪服装上。它的领外弧线优雅，领型完整，形态优美。礼服上的青果领常用绸缎面料裁剪，更加呈现出典雅华贵的风格。

青果领的结构与平驳领没有本质区别，只是在裁剪的时候，在领面的部分，翻领与驳领裁成一体，底领部分则可分开裁剪（图4-22）。

（2）戗驳领：戗驳领串口线反翘，没有缺口，造型端庄严肃有气势，是正式级别最高的夜间礼服常用的领型。戗驳领与平驳领的区别只在串口线和领角的形状、比例关系上，其余制图结构没有差异（图4-23）。

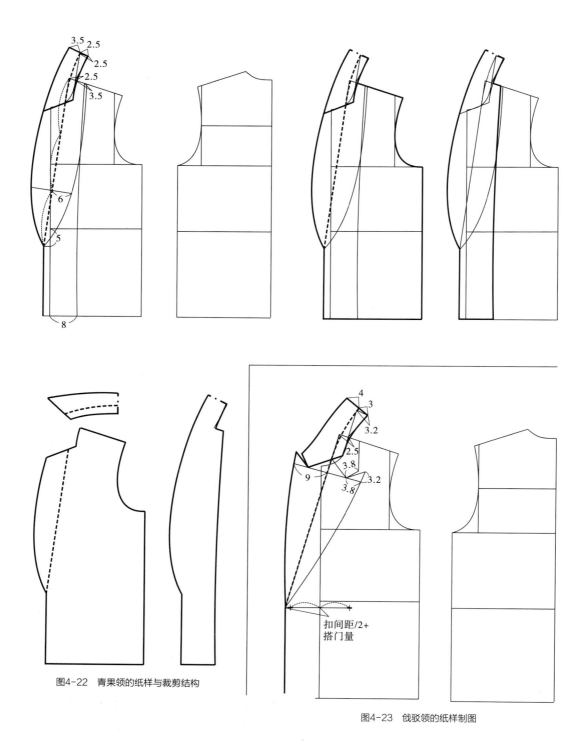

图4-22　青果领的纸样与裁剪结构

扣间距/2+
搭门量

图4-23　戗驳领的纸样制图

六、扁领

扁领是一种领座较小，领面平伏于肩部的领型。这种领型造型柔和文雅，多用于少女装、童装，在男装上较为少见，但一些复古风格的男衬衫或外套会选用扁领，常见的海军制服领子就是扁领结构（图4-24）。

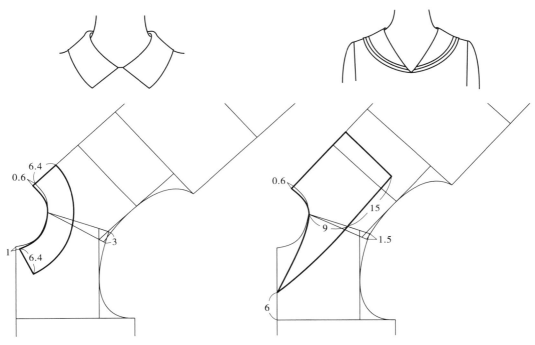

图4-24　两款扁领的纸样制图

七、连帽领

连帽领是一种特殊的领型，其整体结构可采用连体翻领的制图方法，从后中心线至领尖处形成连接关系，缝合后出现兜起的结构和效果。

连帽领的制图尺寸需要使用头部尺寸，包括头部的长、宽、高以及头围等尺寸（图4-25）。头部尺寸可参考国家标准GB 10000—88《中国成年人人体尺寸》（表4-1）。

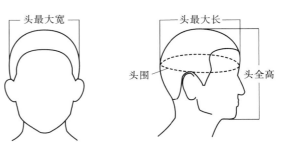

图4-25　头部尺寸测量示意图

表4-1　GB 10000—88《中国成年人人体尺寸》中的头部尺寸（截取年龄为18～60岁的男性）

单位：mm

测量项目	百分位数						
	1	5	10	50	90	95	99
头全高	199	206	210	223	237	241	249
头最大宽	141	145	146	154	162	164	168
头最大长	168	173	175	184	192	195	200
头围	525	536	541	560	580	586	597

注　百分位数：统计学术语，表示具有某一人体尺寸和小于该尺寸的人占统计对象总人数的百分比。

连帽领的结构设计应注意以下几个要点：

（1）如果是套头式的连帽领款式，则衣身领口应适当加大。男性头围的平均尺寸是56cm，针织面料的弹性可伸长25%左右，因此，套头式的连帽领针织衫领口围度至少应为44cm；有前门襟等开口部位的连帽领，衣身领口可不受头围限制。

（2）连帽领的高度应为颈围线（侧颈点）至头顶的曲线长度，然而这个长度目前没有现成的测量数据，可以采用GB 10000—88中的"头全高"加上颈长（一般为10cm），再加上曲线的调整量和松量5～8cm，因此常见连帽领的高度为37～40cm。当然，连帽领的高度没有固定的上、下限，如果连帽领只是起到装饰的作用，不戴到头部，则高度可以下调。而当高度增加的时候，帽子将在纵向上呈现松弛的状态，可以达到一种很独特的外观效果。

（3）连帽领纸样的宽度可以参考GB 10000—88中的"头最大长"尺寸加上一定的曲线调整量和松量，常见宽度为27～30cm。当宽度较小时，将露出较多的面部；当宽度较大时，面部的遮蔽效果较好，横向的松量也较为充足。

（4）按照结构，连帽领的常见结构可分为两片式和三片式。裁剪方法见图4-26和图4-27。

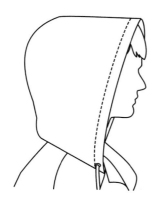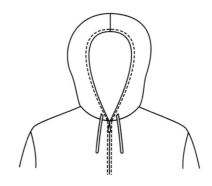

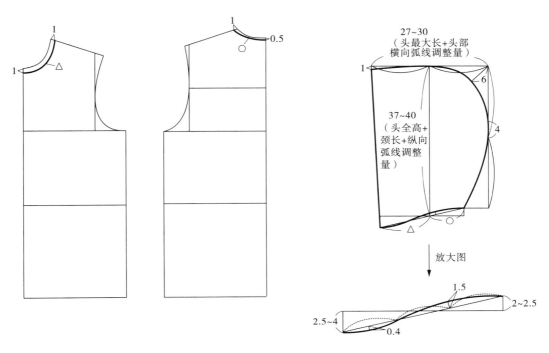

图4-26　两片式连帽领的纸样制图方法

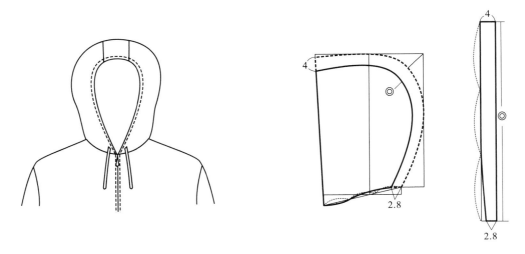

图4-27　三片式连帽领的纸样制图方法

第三节　男装袖型结构设计

袖结构是服装结构设计的重点，也是难点。原因在于以下几点：

（1）袖子是服装的重要组成部件之一。

（2）肩袖造型是决定服装风格与合体程度的重要部位之一。

（3）手臂是人体运动最多的部位，袖子的结构是否合理、是否舒适，是服装结构设计能否成功的重要指标。

（4）手臂与躯干接合的部位形态不规则，肩袖部位造型多变，袖窿与袖山的长度不相等，如何理解袖山的结构变化，如何控制袖山高和袖山曲线，需要一定的实践经验才能较好地掌握。

下面将介绍各类袖子款式的结构设计方法。

一、T恤类服装袖子

（一）POLO衫袖

POLO衫的袖子一般较为合体，有罗纹袖口，可分为短袖和长袖，短袖袖长20cm左右，袖口罗纹宽为2～3cm；长袖袖口罗纹宽6cm左右。由于罗纹具有弹性，因此在裁剪的时候罗纹长度取为袖身袖口长度的80%（图4-28）。

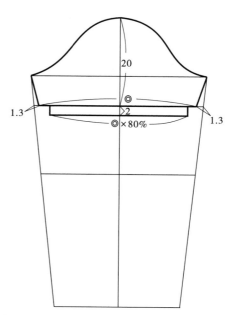

（1）短袖

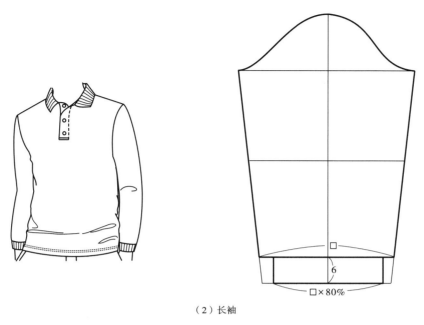

（2）长袖

图4-28　POLO衫袖子的纸样制图方法

（二）无领T恤袖

无领T恤风格自由，袖子的廓型和长度变化较多，按袖长划分，袖子可分为短袖、七分袖、九分袖和长袖等；按廓型分，可分为宽松袖、喇叭袖、紧身袖等。结构设计与纸样处理方法见图4-29。

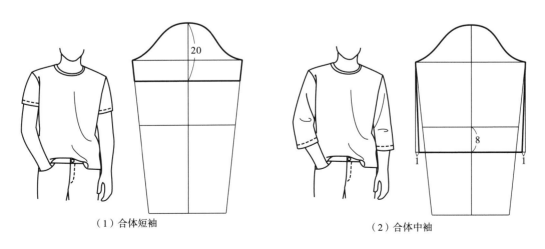

（1）合体短袖　　　　　　　　　　　　　　　　（2）合体中袖

图4-29

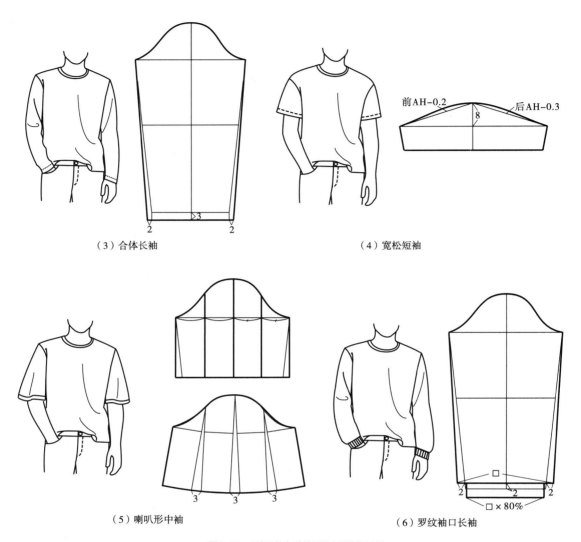

（3）合体长袖　　　　　　　　　　　　　　　　（4）宽松短袖

（5）喇叭形中袖　　　　　　　　　　　　　　　　（6）罗纹袖口长袖

图4-29　无领T恤各种袖型的纸样制图方法

二、衬衫袖

　　衬衫袖一般有相对固定的形制，在结构上属于装袖，可分为袖身和袖克夫两部分。袖身与袖克夫缝合连接处设置褶、袖衩等收紧和穿脱方便结构。

　　男装的衬衫袖袖身合体，在袖克夫处收紧。在袖身的一端常设置两个倒褶和一个宝剑头袖衩。也有一些款式设置一个倒褶或方形袖衩（图4-30）。

　　也有一些复古风格的男衬衫采用袖口蓬开的灯笼袖，这种袖型的蓬起程度和部位可以自由设计，是男衬衫款式设计的创新点之一（图4-31）。

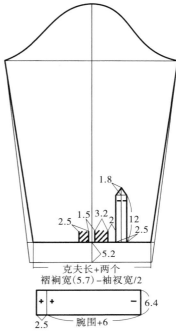

（1）宝剑头袖衩、双褶

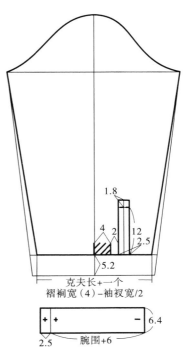

（2）方形袖衩、单褶

图4-30　常规衬衫袖的纸样制图方法

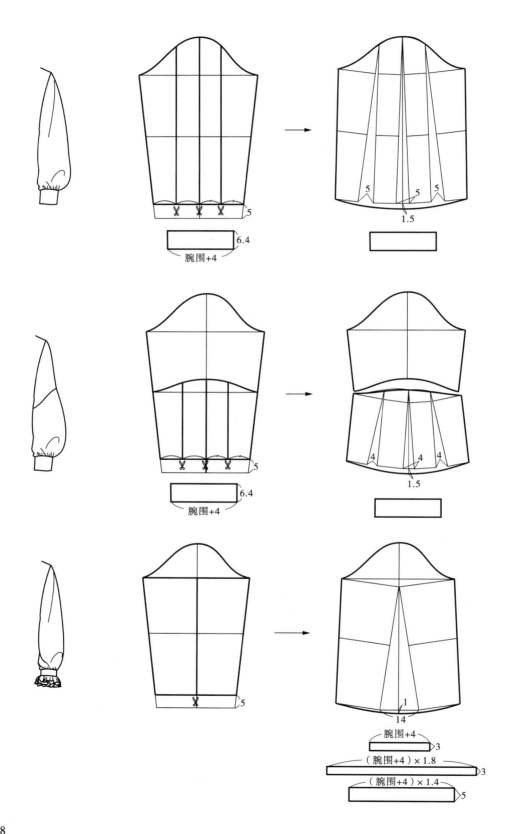

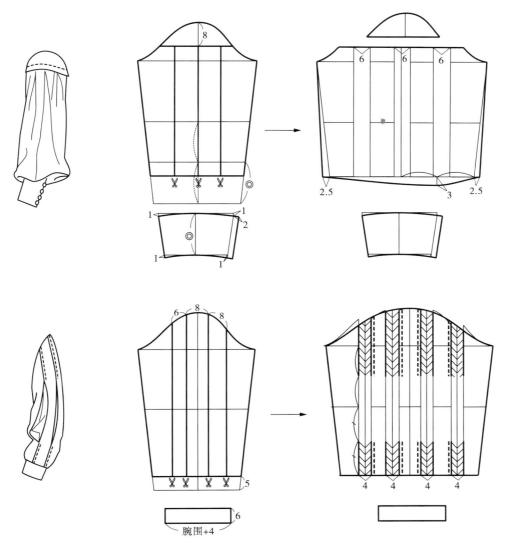

图4-31　各种灯笼袖的结构设计与纸样处理方法

三、西装袖

西装袖是西装上衣、正装大衣、外套等合体型服装经常使用的袖型，也称为两片合体袖。袖子的结构分为大袖和小袖两个部分，大、小袖的缝合线隐藏在手臂下方。整体造型符合手臂的自然弯曲和前倾状态，袖窿、袖口都较为合体。纸样制图过程见图4-32。

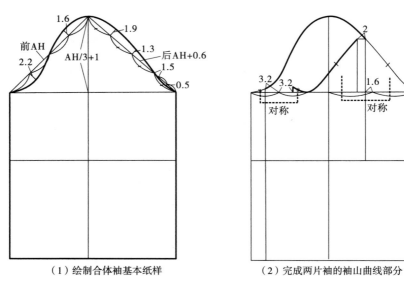

（1）绘制合体袖基本纸样　　　　　（2）完成两片袖的袖山曲线部分

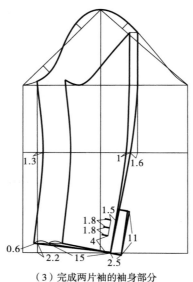

（3）完成两片袖的袖身部分

图4-32　西装袖的纸样制图方法

四、休闲外套类服装的袖子

休闲外套类服装的袖子宽大舒适，纸样特点是袖山高较低，袖山曲线较平缓，袖根部位较宽松。这类袖子按照袖口的款式划分，可分为敞开式袖口和束紧式袖口，其中束紧式袖口又可分为梭织袖口和针织袖口；按照袖身的款式划分，可分为一片式袖身和两片式袖身，两片式袖身在后袖中线附近有一条分割线，可分担袖根围度与袖口围度之间的差量。常见的休闲外套袖子款式与纸样制图方法见图4-33。

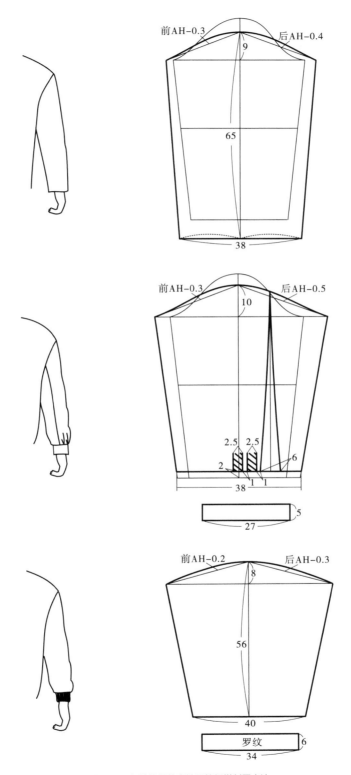

前AH-0.3　　　后AH-0.4
9
65
38

前AH-0.3　　　后AH-0.5
10
2.5　2.5
2
6
1 1
38
5
27

前AH-0.2　　　后AH-0.3
8
56
40
罗纹
6
34

图4-33　各种休闲外套袖子的纸样制图方法

五、插肩袖

插肩袖是衣身的一部分与袖子连为一体的款式统称。拼接到袖子上的衣片形状不固定，分割线可以到领口、前中线，甚至到下摆；同时，也可以将袖子的一部分剪下来拼接到衣身上。插肩袖的纸样制图方法见图4-34。

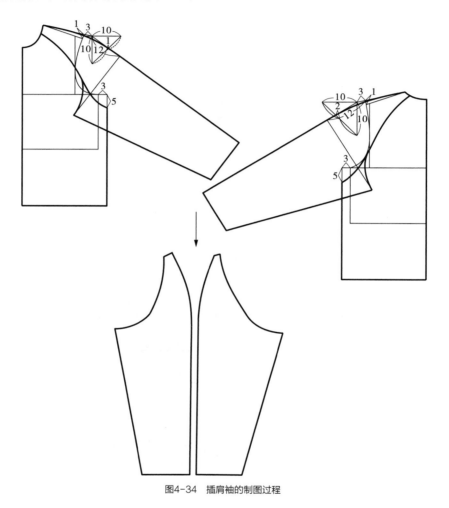

图4-34　插肩袖的制图过程

插肩袖的结构设计有以下几个要点：

（1）肩斜度：肩斜度可上调，一方面增加肩袖部位的活动量，另一方面在视觉上使肩线更加平坦（图4-35）。

（2）袖中线：合体插肩袖的袖中线角度为45°，一般在肩点画一个等腰直角三角形，利用几何原理确定袖中线的倾斜度。插肩袖越宽松，袖中线的倾斜角越大，可通过袖倾斜度调整量增加袖中线的倾斜角（图4-35）。

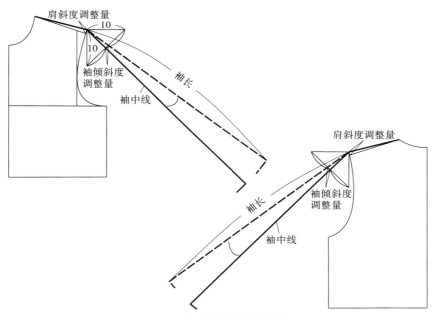

图4-35　插肩袖的肩斜度与袖中线

（3）袖山高：袖山高的取值可参考装袖的袖山高数值。合体袖的袖山高一般为13～14cm，袖子越宽松，袖山高越低，取值可参考合体袖的袖山高尺寸减去腋下点的下落量，常见范围为7～10cm（图4-36）。

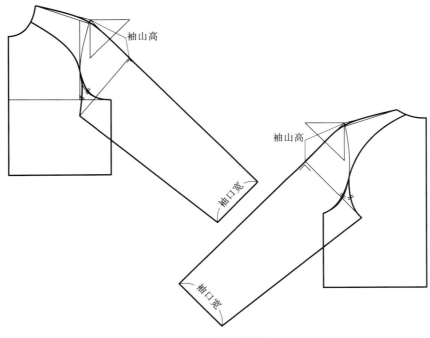

图4-36　插肩袖的袖山高

（4）分割线：衣身与袖子之间的分割线可根据具体款式而定（图4-37）。

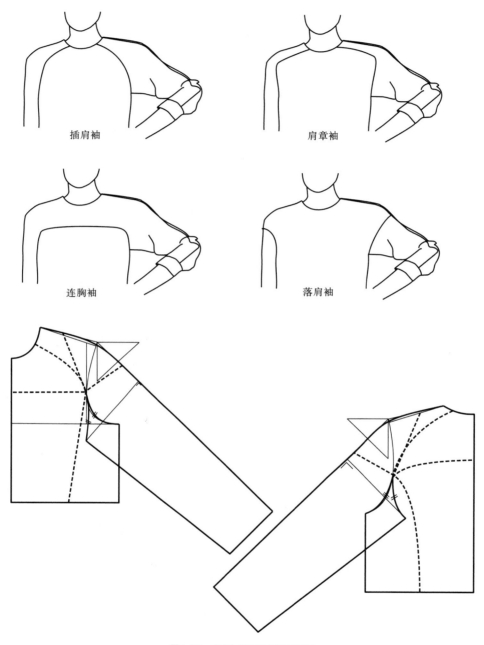

插肩袖　　　　　　　　　　肩章袖

连胸袖　　　　　　　　　　落肩袖

图4-37　衣身与袖子分割线的变化

（5）缝合线：按照袖中线的缝合状态，插肩袖可分为袖中线有缝合线和无缝合线两种款式。其中袖中线有缝合线的款式更加合体，用于大衣、合体外套等服装上；袖中线无缝合线的款式较为宽松，特别是腋下布料余量较多，常用于运动服、休闲装、卫衣、宽松T恤等服装上。在制图中，应将袖中线与肩线连成一条直线，以便袖子的前片和后片可以合并裁剪（图4-38、图4-39）。

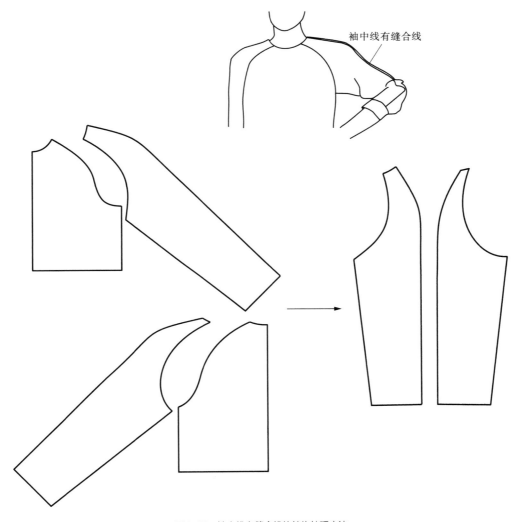

图4-38　袖中线有缝合线的结构处理方法

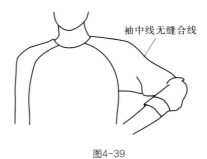

图4-39

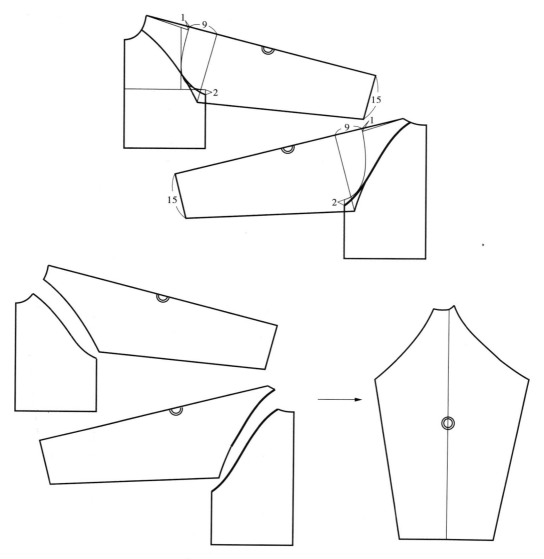

图4-39　袖中线无缝合线的结构处理方法

六、连身袖

连身袖是一种衣身和袖子连成一体的袖子。由于结构的原因，比较宽松，属于平面式裁剪，一些中式风格、宽松廓型的服装采用这种袖型。由于没有便于运动的袖窿结构，所以应特别考虑衣身、肩部与腋下的放松量。连身袖的纸样制图方法见图4-40。

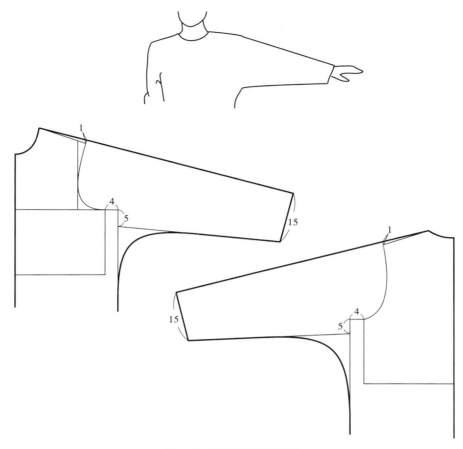

图4-40　连身袖的纸样制图方法

第四节　男装口袋结构设计

口袋兼具机能性和审美性，是男装款式设计的重点。口袋的位置、形式、结构与用途各有不同，可做以下细分：

（1）按照口袋的上下位置，可分为上衣口袋和裤子口袋，其中上衣口袋常见的有胸袋、袖袋、腰袋、胁袋等；裤子口袋可分为前片的侧口袋、后片臀部的口袋、腿部正面的口袋、腿部侧面的口袋等。

（2）按照口袋的内外位置，可分为明袋和暗袋。

（3）按照口袋的款式结构，可分为单嵌线口袋、双嵌线口袋、贴袋、有袋盖口袋、箱型口袋、拉链口袋、组合式口袋等。

（4）按照口袋的功能效果，可分为实用性口袋和装饰性口袋等。

同时，针对口袋的形状也可做许多创新设计（图4-41）。

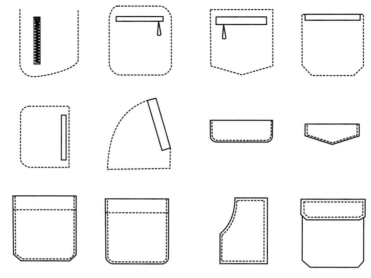

图4-41　各种口袋的形状与结构设计

一、实用性口袋

实用性口袋是有实际用途的口袋，往往有兜袋，可以放东西。实用性口袋在绘制纸样的时候，必须考虑手掌进出口袋是否方便。因此，实用性口袋的袋口宽尺寸必须大于掌宽尺寸与放松量之和，一般为15~18cm；口袋的深度应至少能容纳大半个手掌，为了取暖而设计的口袋应留出全部手掌蜷缩在内的容量。

裤子上的口袋相比上衣而言，更具有传统上的实用意义，特别是西裤口袋，是经典化、程式化设计的典型范例。例如西裤的前口袋，与西裤的款式搭配常常是固定的，不宜更改。这种固定的搭配固然有继承传统的意义，同时也跟款式搭配的合理性和科学性有很大关系。

1. 平插袋

平插袋的袋口呈一条水平弧线形状，口袋较宽，因此口袋的深度稍微减小。平插袋一般用在年轻人穿着的无腰褶西裤上，适合腹部平坦的身材和瘦削的裁剪板型。

2. 斜插袋

斜插袋的袋口呈一条斜线，口袋较窄，因此口袋的深度比平插袋要深。斜插袋避开了裤中线的位置，故适合用在有一个腰褶的西裤上。

3. 直插袋

直插袋的袋口设在侧缝上，非常隐蔽，口袋的深度是三种口袋中最深的。直插袋不影响前片的结构，因此适合用于有两个腰褶的西裤。

三种西裤前口袋的纸样制图与裁剪方法见图4-42。

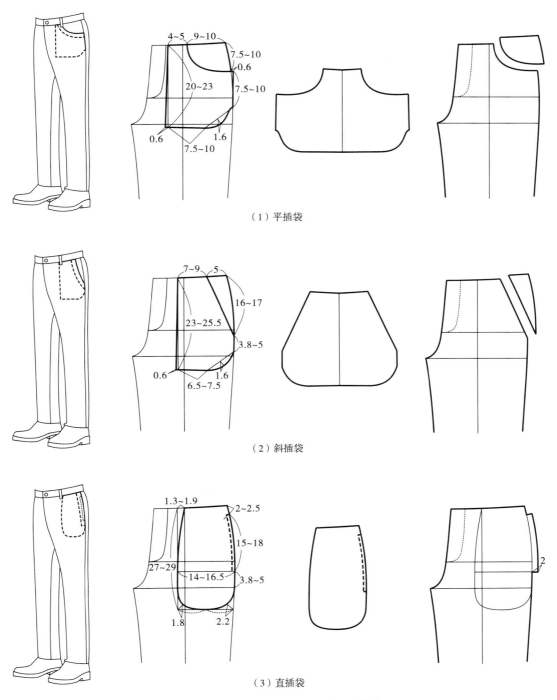

（1）平插袋

（2）斜插袋

（3）直插袋

图4-42　三种西裤前口袋的纸样制图与裁剪方法

二、装饰性口袋

相比实用性，有一些口袋的装饰性更强一些，这些口袋的结构设计要点是：

（1）确定口袋的位置：找一个口袋的端点，根据款式图的比例，分析口袋在衣片上的上下左右相对位置。

一般来说，在上下位置上，胸部位置的口袋可参考其与胸围线的相对位置关系；腰部位置的口袋可参考其与腰围线、底边线的相对位置关系；大腿位置的口袋可参考其与裆线、膝盖线的相对位置关系。

在左右位置上，胸宽线是上衣口袋的重要参考线。胸宽线是观看者的视觉边界线，超过胸宽线靠向侧缝的那部分口袋在身体侧面，从正面是看不见的。因此，判断口袋左右的位置应特别注意其与胸宽线的相对位置关系。

（2）确定口袋的大小：口袋的宽度和高度也应该参考其与整体衣片面积之间的比例关系。如果装饰性口袋也具有一定的实用性目的，则应当注意手掌尺寸的问题。图4-43为装饰性口袋的纸样制图示例。

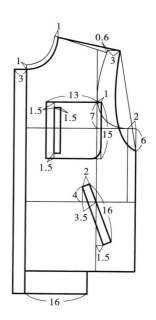

图4-43　装饰性口袋的纸样制图示例

第五节　男装门襟结构设计

门襟处于视觉中心，对于讲求细节的男装结构设计来说，也是设计点之一。按照上下结构，男装门襟可分为半开门襟和全开门襟；按内外结构，可分为普通门襟、明门襟、暗门襟、防风门襟等。

一、半开门襟

半开门襟是POLO衫和一些运动衫常见的开口形式。领口开口的深度可根据款式要求进行设计（图4-44）。

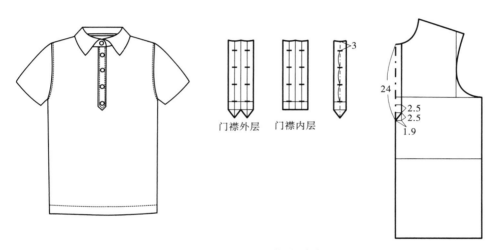

图4-44　半开门襟的纸样制图方法

二、普通门襟

在衣片的前中线上加出搭门量，再根据工艺设计，加出门襟向内翻卷的宽度，这是较为常见的门襟形式（图4-45）。

三、明门襟

明门襟是在衣片门襟处，用一条单独裁剪的布条夹缝边缘，形成门襟的宽镶边结构。明门襟的对称性、装饰性、平整度都较好，适合用于较为正式的衬衫上（图4-46）。

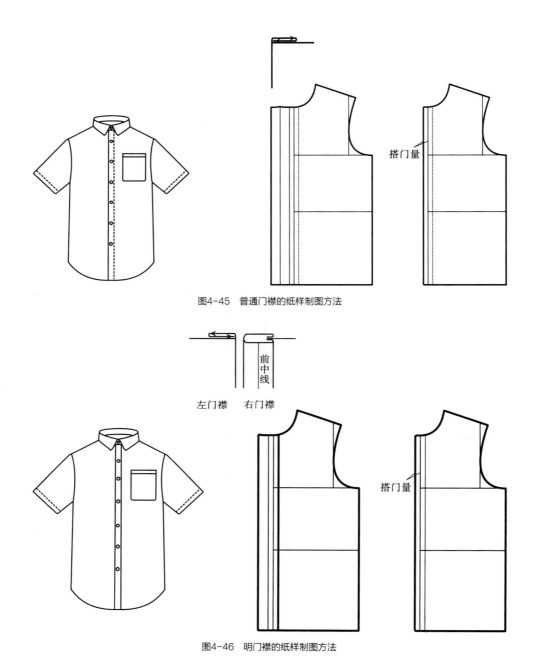

图4-45 普通门襟的纸样制图方法

前中线

左门襟　右门襟

搭门量

图4-46 明门襟的纸样制图方法

四、暗门襟

暗门襟是在外层门襟的内部，夹缝一条单独裁剪的双层布条，在这层布条上锁扣眼和系纽扣。这样的结构处理方法纽扣不会在门襟外面露出来，因此称为暗门襟。暗门襟外观平整简洁，干净利落，适合在商务装和休闲装上应用（图4-47）。

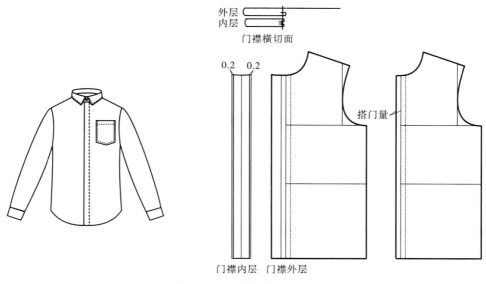

图4-47　暗门襟的纸样制图方法

五、防风门襟

防风门襟是在拉链门襟外加盖一层布条的门襟款式。它除了可以遮挡拉链之外，还能起到挡风保暖的作用，是休闲外套常见的门襟形式之一（图4-48）。

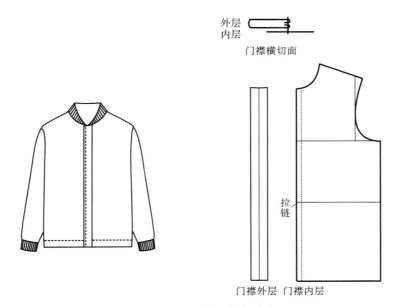

图4-48　防风门襟的纸样制图方法

第 五 章

PART 5

男裤结构设计方法
与应用

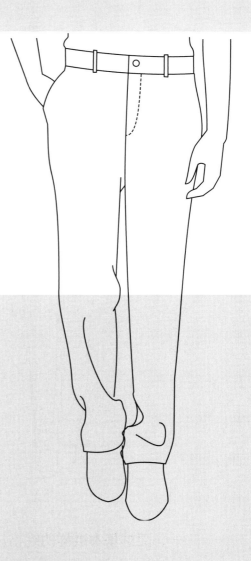

　　裤子服务于人体日常运动频率最高、幅度最大的部位，既要求外观合体，又必须保证一定的运动功能性和穿着舒适性。裤子对应的人体部位可分为两部分，一部分是腰围线至裆线的躯干部位，另一部分是裆线至足踝附近的下肢部分。由于人体行走、坐、蹲等动作使人体的腰部、臀部和裆部的围度、长度、体表形态发生较大变化，因此，裤子从腰围到裤裆的结构成为男裤结构设计的重点与难点。对于裤腿部分来说，由于人体形态较为规则，因此结构设计方法也比较简单，除了保证适当的穿着与运动放松量外，一般是根据款式设计的要求调整裤腿的长短、廓型，并合理处理分割线、褶皱、口袋等细部结构。

第一节　男裤基本纸样

　　与上衣一样，首先设定裤子的基本款式，获得其基本纸样，这样使裤子的结构设计更加系统化，操作也更准确和简便。一般来说，应选择放松量、长度适中的梭织筒裤作为基本款式。图5-1所示的男裤基本款式为修身的直筒裤，前面无省，后片有一对省。这种款式较为贴体，适合年轻群体，也适合作为裤基本纸样，由于前片无省，因此其纸样可以直接用于修身型西裤；同时，修身型或使用弹性面料的牛仔裤、休闲裤的前裤片往往没有省，也适宜使用这个基本纸样。

　　对于宽松型的裤子款式来说，需要用各种方法在基本纸样上加出放松量来完成。

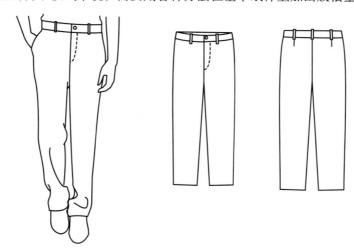

图5-1　男裤基本款式

一、男裤基本纸样的规格尺寸

　　男裤基本纸样采用身高170cm的男装中间号型，规格尺寸见表5-1。

表5-1 裤子基本款式与纸样规格尺寸表　　　　　　单位：cm

部位	裤长	腰围	臀围	股上长	前裆长	后裆长	裤口宽
尺寸	100	74	90	25	23	34	21.5

二、男裤基本纸样的各部位名称

男裤基本纸样的各部位名称见图5–2。

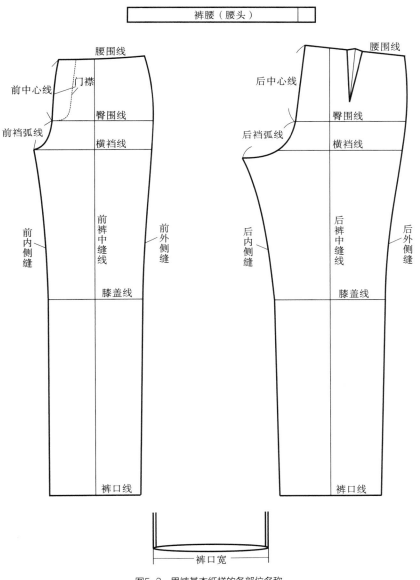

图5-2 男裤基本纸样的各部位名称

三、男裤基本纸样的绘制

（一）男裤基本纸样（前片）的绘图方法（图5-3）

（1）外框架：画一个横向为$H/4$，纵向为股上长的长方形。长方形的上边线为腰围线，下边线为横裆线所在位置，左边线为前中心线参考线，右边线为外侧缝参考线。

（2）臀围线：自长方形的上边线向下测量纵向长度的2/3，画一条水平线，这条线为臀围线。

（3）前裤中缝线：将横裆线向左延长$H/18-1\text{cm}$，右端点向左移进0.3cm，找到这两个点的中点，向上垂直画至腰围线，再向下垂直画线，长度为股下长，这条线为前裤中缝线。

（4）裤口线：在裤中缝线的下端点，分别向左、向右画出10cm的水平线，这条线为裤口线。

（5）膝盖线：在前裤中缝线股下长（横裆线至裤口线）的中点向上5cm处，画一条水平线，这条线为膝盖线。

（6）前中心线和前裆弧线：横裆线左端点与臀围线左端点连接，形成一个小直角三角

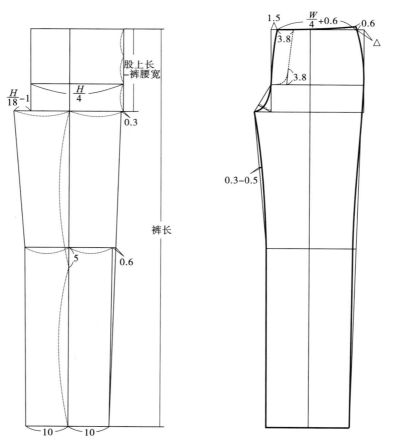

图5-3　男裤前片基本纸样

形，从直角顶点向斜边画垂线，并将其三等分，选取左上1/3处的等分点为辅助点；腰围线左端点向内收1.5cm，经过臀围线左端点和上述辅助点，连接成一条圆顺的曲线，这条线在臀围线上为前中心线，在臀围线下为前裆弧线。

（7）腰围线：从前中心线左端点，沿腰围线量取W/4+0.6cm。

（8）前外侧缝：腰围线外侧点起翘0.6cm，向下经过臀围线右端点等辅助点，连接成一条圆顺的曲线，这条线为前外侧缝。

（二）男裤基本纸样（后片）的绘图方法（图5-4）

（1）后中心线和后裆弧线：如图5-4所示画出后中心线的参考斜线，在腰围线上向右延长出一条短线，长度待定；横裆线下落1.6cm，加出后裆宽，即H/18+1cm，连接成一条完整的线，这条线在臀围线上为后中心线，在臀围线下为后裆弧线。

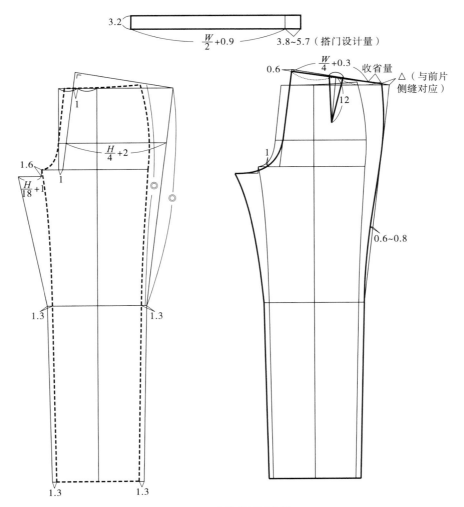

图5-4　男裤后片基本纸样

（2）加宽膝盖线和裤口线：裤子后片的宽度一般大于前片，因此在膝盖线和裤口线上左右均加宽1.3cm。

（3）加宽臀围线：裤子的前片未放入臀围放松量，臀围放松量全部在后片加入。自后中心线与臀围线的交点向右量出$H/4+2$cm。

（4）完成后外侧缝与后腰线：①膝盖线的右端点与臀围线的右端点连线，延长至腰围线，得到后外侧缝参考线；②后外侧缝参考线与后腰围线的交点向后中心线作垂线，得到后腰线参考线；③后腰围线参考线在右端收进△（对应前片的侧缝收进量），获得后腰围线的右端点，完成后腰围线；④后外侧缝参考线在大腿部收进0.6~0.8cm，向上画出圆顺的弧线，连接至后腰围线右端点；⑤后腰围线收省量=后腰围线尺寸-（$W/4+0.3$）cm；⑥在后腰围线的中点上画出后腰省，长度为12cm，省的大小为后腰省收省量。

四、男裤的结构要素分析

（一）腰围

男装裤子腰围前片尺寸为$W/4+0.6$cm，后片尺寸为$W/4+0.3$cm，总计腰围放松量为（0.6cm+0.3cm）×2=1.8cm。据测量研究发现，人体在不同姿态时，腰围会发生一定的变化，1.8cm的放松量可以保证大多数正常生活姿态的需要（表5-2）。

表5-2 人体运动时腰围尺寸的变化   单位：cm

姿势	动作	腰围平均变化量
直立正常姿势	45° 前屈	1.1
	90° 前屈	1.8
坐在椅子上	45° 前屈	1.5
	90° 前屈	1.7
席地而坐	45° 前屈	1.6
	90° 前屈	2.9

（二）臀围

臀围决定了裤子的宽松度和活动量。无弹性面料最基本的臀围放松量为4cm，这是人体坐下、蹲下、席地而坐等姿态造成的臀围最大增量。如面料有弹性，则臀围放松量可以适当减少，甚至可以为0或小于臀围（表5-3）。

表5-3　裤子合体程度与臀围放松量　　　　　　　　单位：cm

裤子外观效果	合体型	半合体型	较宽松型	宽松型
裤子臀围放松量	0~6	6~12	12~18	18以上

　　一般来说，改变臀围放松量可采用在基本纸样上加减放松量的方法，以保证结构的协调合理。

　　在图5-3、图5-4所示的基本纸样的臀围尺寸分配上，前片的臀围放松量为0，后片为4cm，裤子的前片外形平整，后片运动量充足，板型更加合理和美观。

（三）裆宽与裆深

　　裤子的裆部是决定裤子穿着舒适度的重要部位，近年来也成为裤子款式结构设计的创新要素。前、后裆线与人体的对应关系见图5-5。

　　可以看出，腰围、臀围等尺寸不变，如果增大裆宽，将使大腿围的尺寸变大，同时使裤子侧向松度变大；如果增大裆深，将使裤子裆部下落，形成吊裆裤的效果（图5-6）。

（四）后裆线

　　如果不考虑人体的运动量，裤子后片的结构可以与前片基本相同。目前裤子基本纸样的后裆线为斜线，在腰线上有约2.5cm的延长量，这是考虑人体臀部在不同姿态下长度发生变化而做的处理，是在人体静态站立状态的合体后裤片纸样里加入了运动量，使后裆线拉长，并有一定的倾斜度（图5-7）。

　　随着裤子合体程度的变化，后裆线的倾斜角与延长量也要进行调整。例如非常宽松的裤子，其裆深和臀围放松量已经足以满足臀部的运动量，后裆线则不必倾斜。高弹性的裤子，如打底裤、裤袜等，面料本身的特性可以满足运动的需要，也不需要倾斜。

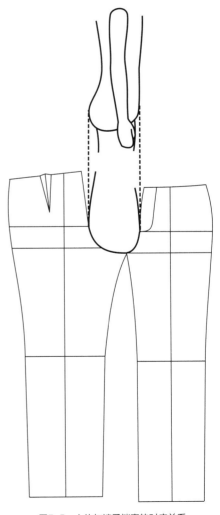

图5-5　人体与裤子裆宽的对应关系

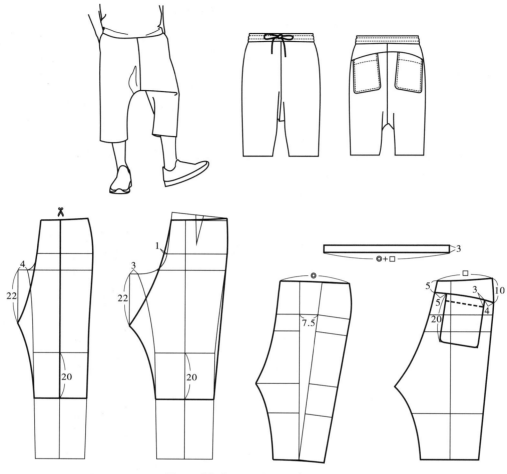

图5-6 增加裆深，形成吊裆裤的外观效果

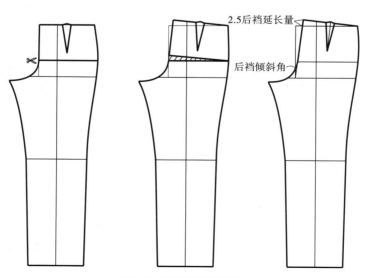

图5-7 裤子后裆线倾斜原因

第二节　男裤廓型与结构处理

按照廓型划分，裤子可分为筒裤、锥形裤、喇叭裤三种基本廓型（图5-8）。从臀围放松量看，这三种基本廓型中，筒裤的放松量适中，裤长适中；锥形裤的臀围宽松，裤长较短；喇叭裤的腰臀贴体，裤长较长。

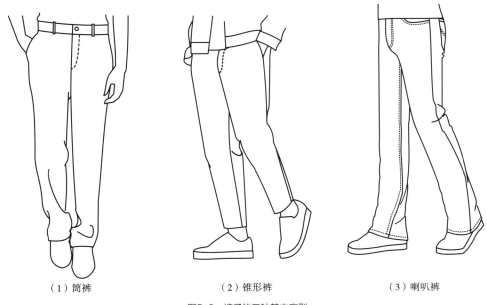

（1）筒裤　　　　　　　（2）锥形裤　　　　　　　（3）喇叭裤

图5-8　裤子的三种基本廓型

一、筒裤

（一）款式分析

筒裤一般是中腰，臀围与腿围放松量适中。在款式细节上，前身无省，后身一对省；前口袋为斜插袋，后口袋为双嵌线口袋（图5-9）。

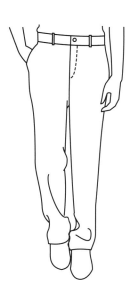
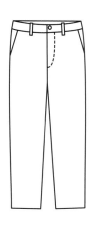
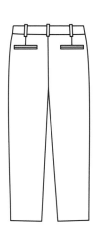

图5-9　筒裤款式图

（二）纸样绘制方法与要点（图5-10）

（1）筒裤的廓型和宽松度与裤子基本款式相同，可直接使用裤子基本纸样。

（2）现代男裤常见的腰线位置一般比正常腰线要低，这样的腰线位置设计使股上长的视觉长度缩短而相应拉长了股下长的比例，能改善腿部的视觉比例。因此在纸样上将腰线的位置向下降低2cm。

（3）绘制前片斜插袋与后片双嵌线口袋，尺寸、位置见图5-10。这种尺寸的配置比较常见，形式基本固定。

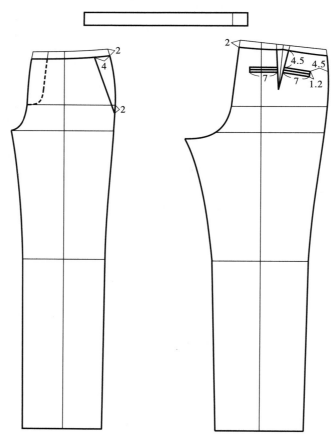

图5-10　筒裤纸样处理方法

（三）筒裤的纸样变化方法

按照臀围放松量的大小，筒裤可分为合体型、半合体型、较宽松型和宽松型。改变筒裤臀围放松量的方法是沿裤中缝线剪开裤片纸样，使用平行加放松量的方法加入放松量（图5-11）。

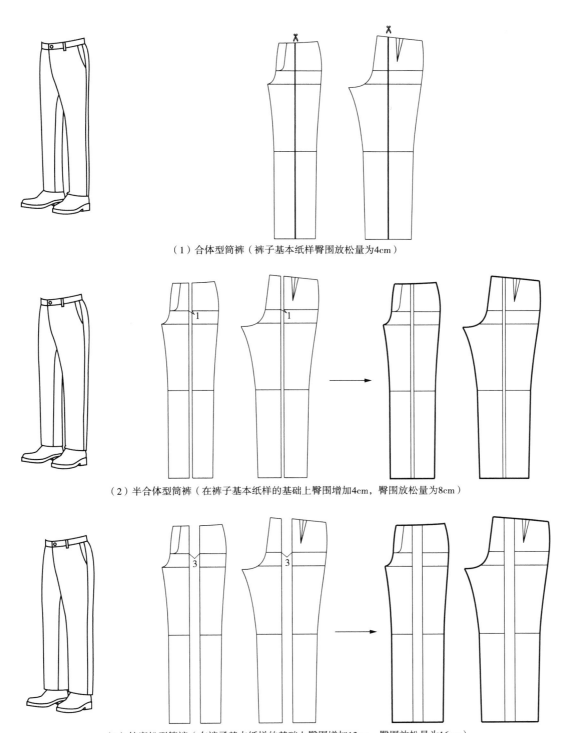

（1）合体型筒裤（裤子基本纸样臀围放松量为4cm）

（2）半合体型筒裤（在裤子基本纸样的基础上臀围增加4cm，臀围放松量为8cm）

（3）较宽松型筒裤（在裤子基本纸样的基础上臀围增加12cm，臀围放松量为16cm）

图5-11　筒裤臀围放松量的修改

二、锥形裤

锥形裤是腰臀部位较为宽松，而裤脚较小的裤型。这种裤型的臀部活动量充足，行走、跑动方便，是现代较为常见的男装裤型。

（一）款式分析

锥形裤的裤长较短，一般长至足踝附近。中腰、臀围与腿围放松量充足。图5-12所示的锥形裤前片为斜插袋，后片口袋为贴袋，腰头为橡筋腰头。制图的参考尺寸为臀围规格100cm，裤长97cm。

图5-12　锥形裤款式图

（二）纸样绘制方法与要点（图5-13）

锥形裤的纸样廓型设计要点是增加腰臀部的放松量，减小裤口宽尺寸。方法是在裤子基本纸样上，沿前裤中缝线剪开前片，加入放松量。后片一般来说不需要加入放松量。

（1）沿前裤中缝线剪开前片，将腰围线打开3.8cm。

（2）将前片的裆宽和裆深分别加大0.6cm，修正裤内侧缝。

（3）缩短裤长至97cm，将裤口宽尺寸改小，前片裤口宽改为17cm，后片裤口宽改为19cm。

（4）绘制前片的斜插袋和后片的贴袋。

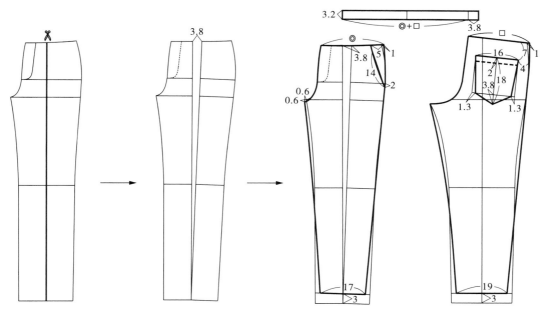

图5-13 锥形裤纸样设计

（三）锥形裤的纸样变化方法

随着裤中缝线被剪开的位置和走向不同，锥形裤的形态将发生改变。这种结构设计与纸样处理方式可以控制各部位的放松量，使锥形裤产生不同的外观效果（图5-14）。

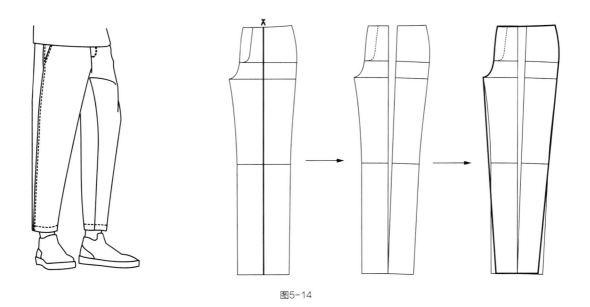

图5-14

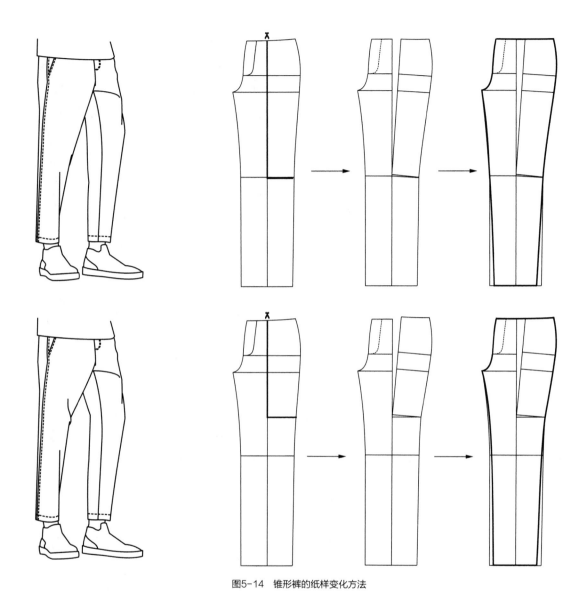

图5-14 锥形裤的纸样变化方法

三、喇叭裤

喇叭裤是腰臀部位较为贴体，而裤脚口较大的裤型。由于裤型的特点，腿部的比例显得修长。这种裤型年轻时尚，常常形成流行潮流。

（一）款式分析

喇叭裤的裤长较长，一般超过足踝，甚至拖到地面。低腰，臀部和大腿部位比较贴体，裤口肥大。图5-15所示的喇叭裤前口袋为平插袋，后口袋为贴袋，同时后片采用常见的育克结构。制图参考尺寸为臀围规格92cm，裤长105cm。

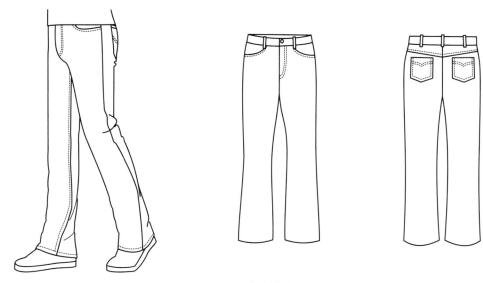

图5-15　喇叭裤款式

（二）纸样绘制方法与要点（图5-16）

喇叭裤的纸样廓型设计要点是保持或减小腰臀部的放松量，增加裤口宽尺寸。裤子基本纸样的前片没有加入放松量，因此如果需要减小臀围放松量，应在后片上处理。同时，减小膝盖线处的宽度，增加裤口宽度。

（1）降低腰围线，直接在纸样上截取腰头，宽度为3cm，将腰头内含的腰围省量合并，裁剪成一条完整的腰头。

（2）增加裤长5cm。

（3）在后片减小臀围放松量1cm，前、后片膝盖线左右各收紧1cm，前片裤口宽改为22cm，后片裤口宽改为24cm，后片裆宽收紧0.5cm。

（4）画育克、前后口袋等，合并裁剪育克。

（三）喇叭裤的纸样变化方法

喇叭裤的裤口宽尺寸和夑起位置的高低对其外观廓型影响最大。根据喇叭裤的裤口宽效果，可将喇叭裤分为小喇叭裤和大喇叭裤，小喇叭裤的裤口宽尺寸范围为23~24cm，大喇叭裤的裤口宽尺寸一般超过24cm（图5-17）。

喇叭裤的夑起位置的高低可以在裤腿膝盖线上下任意设计，最常见的夑起位置为膝盖线（图5-18）。

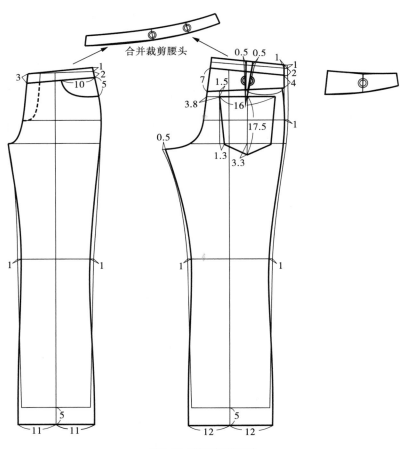

图5-16　喇叭裤纸样设计

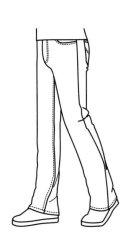

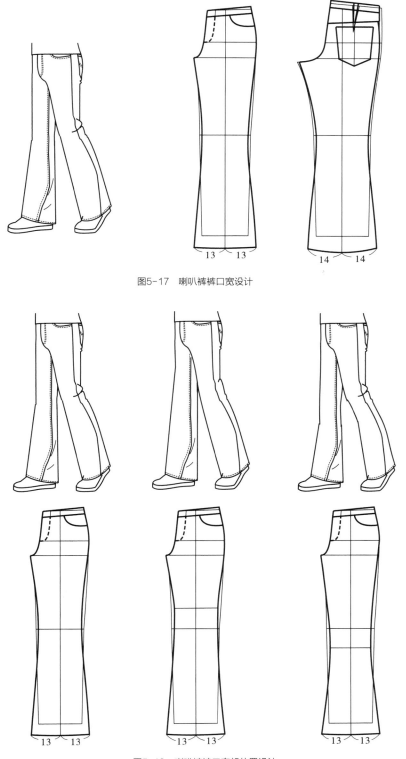

图5-17　喇叭裤裤口宽设计

图5-18　喇叭裤裤口叠起位置设计

第三节　男裤纸样综合设计

男裤除上述的三种基本廓型之外，还有很多分类方式。例如，按照裤子的长度，可分为短裤、七分裤和长裤；按照面料与用途，可分为正装裤、休闲裤和运动裤。

同时，男裤也有许多相对固定的特定裤型，例如，铅笔裤、工装束脚裤、哈伦裤、吊裆裤、背带裤、百慕大短裤等。

一、铅笔裤

（一）款式分析

铅笔裤腰臀合体，裤脚略收紧，裤腿修长，呈现出年轻干练的风格。图5-19所示的铅笔裤前片无省，后片有一对省，前口袋为斜插袋，后口袋为双嵌线口袋。裤子的合体程度和省道设置与裤子基本款式相同，可以直接在基本纸样的基础上修改裤长和裤口尺寸，并画出口袋。

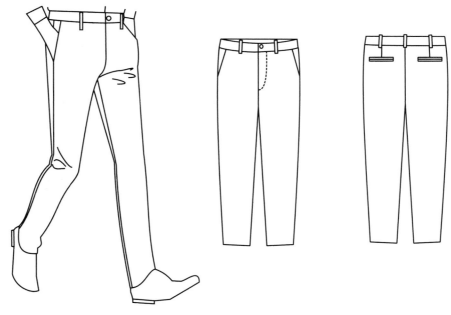

图5-19　铅笔裤款式图

（二）纸样绘制方法与要点

将裤长延长3cm，前裤口宽改为16cm，后裤口宽改为18cm（图5-20）。

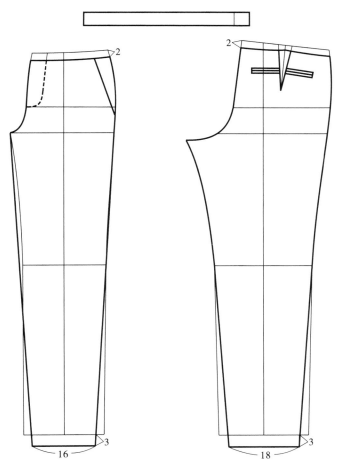

图5-20　铅笔裤纸样绘制方法

二、工装束脚裤

工装束脚裤的款式特点是口袋多，裤口用橡筋收紧，便于工作和运动，呈现出功能性、实用性和年轻干练的风格，在现代非常流行。

（一）款式1

1. 款式分析

图5-21所示的工装束脚裤腰臀部宽松，裤长略短，用橡筋收紧，整体是锥形裤的外观，因此采用锥形裤的廓型处理方法。腰部的余量用橡筋腰头收紧，前片有斜插袋，大腿两侧设有袋盖的贴袋。

裤子臀围参考规格110cm，裤长参考规格95cm。

2. 纸样绘制方法与要点（图5-22）

（1）按照锥形裤的处理方法，沿前片裤中缝线剪开，加入臀围放松量3cm。

（2）在前、后片侧缝处，腰围各增加3cm，臀围各增加2.5cm。

（3）前、后中心线腰围增加1cm，前裆宽增加2cm，前、后裆深增加3cm。

（4）裤长缩短5cm，前裤口宽改为18cm，后裤口宽改为20cm。

（5）绘制前片斜插袋和大腿两侧贴袋，贴袋主要起到装饰作用，因此应注意其长宽尺寸与裤子纸样整体比例之间的关系。

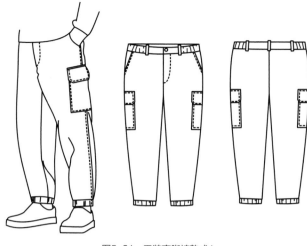

图5-21　工装束脚裤款式1

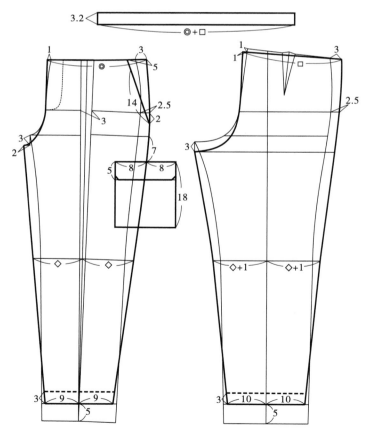

图5-22　工装束脚裤款式1纸样绘制方法

（二）款式2

1. 款式分析

图5-23所示的工装束脚裤臀围参考规格102cm，裤长参考规格97cm，臀围需在基本纸样的臀围尺寸基础上加放8cm放松量。

从款式图上看，放松量主要体现在侧缝上，因此可以直接在侧缝加出放松量。前片设有直插袋，后片是加了袋盖的双嵌线口袋。

图5-23　工装束脚裤款式2

2. 纸样绘制方法与要点（图5-24）

（1）在前、后片侧缝处，腰围各增加3cm，臀围各增加2cm。

（2）前、后中心线腰围各增加1cm，前、后裆宽各增加1cm，前、后裆深各增加2cm。

（3）裤长缩短3cm，前裤口宽改为16cm，后裤口宽改为18cm。

（4）绘制前片直插袋位置和后片袋盖。

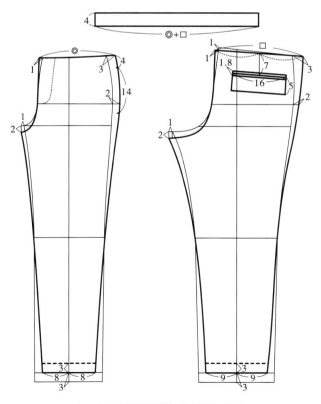

图5-24　工装束脚裤款式2纸样绘制方法

（三）款式3

1. 款式分析

图5-25所示的工装束脚裤臀围参考规格100cm，裤长参考规格96cm。臀围需在基本纸样的臀围尺寸基础上加放6cm，从款式图呈现的效果判断，可以通过剪切的方法在前片加出放松量。

本款束脚裤除较多形状的贴袋和组合袋之外，膝盖处的褶结构也是一个结构要点。设置在膝盖线的活褶可以改善膝盖的活动量，穿着的功能性和舒适性较好。

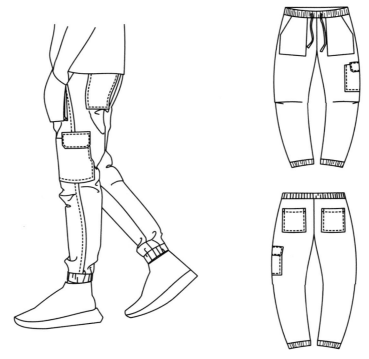

图5-25　工装束脚裤款式3

2. 纸样绘制方法与要点（图5-26）

（1）按照锥形裤的处理方法，沿前片裤中缝线剪开，加入臀围放松量3cm。

（2）腰围线降低3cm，侧缝在腰围处加宽1cm。

（3）前裆宽增加1cm，前裆深增加1cm。

（4）裤长缩短4cm，前裤口宽改为17cm，后裤口宽改为19cm。

（5）绘制前片箱型袋、大腿外侧组合贴袋、后片贴袋，注意长宽尺寸与裤子纸样整体比例之间的关系。

（6）剪开前片膝盖线，在外侧加入褶量2cm，重新修顺外侧缝和内侧缝。

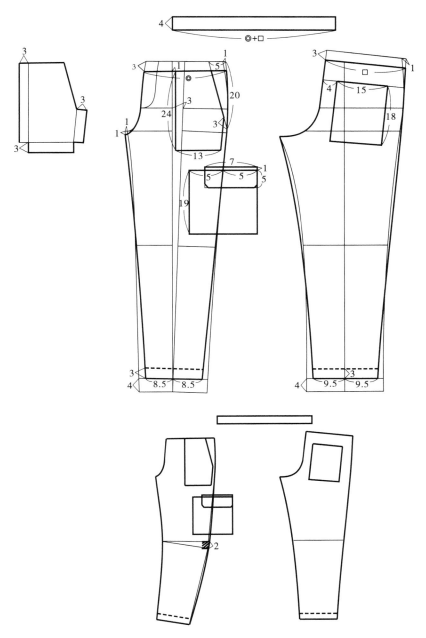

图5-26　工装束脚裤款式3纸样绘制方法

（四）款式4

1.款式分析

图5-27所示的工装束脚裤臀围参考规格98cm，裤长参考规格97cm。从款式上观察，整体呈筒裤的形态，因此采用筒裤的放松量加放方法，在前片加放4cm的臀围放松量。

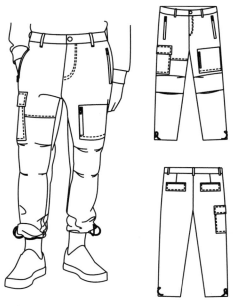

与前面的三款工装束脚裤不同，本款束脚裤的腰头不是橡筋腰头，因此需要在结构上处理腰围放松量。另外，膝盖线上下各设一个活褶结构，与工装束脚裤款式3相比，穿着的功能性和舒适性更佳。

2.纸样绘制方法与要点（图5-28）

（1）按照筒裤增加放松量的处理方法，沿前片裤中缝线剪开，平行加入臀围放松量3cm。

（2）腰围线降低3cm，在侧缝和前中心线处将加宽的2cm腰围放松量收净。

（3）前裆宽增加1cm，前裆深增加2cm，后裆深增加1cm。

（4）前裤长增加5cm（增加的长度是膝盖活褶结构的长度），前裤口宽改为17cm，后裤口宽改为19cm。

图5-27　工装束脚裤款式4

（5）因为前片左、右口袋设置不对称，因此前片左、右分开画图，绘制各个口袋。

（6）在膝盖线上、下各5cm处，设置2.5cm的活褶结构。

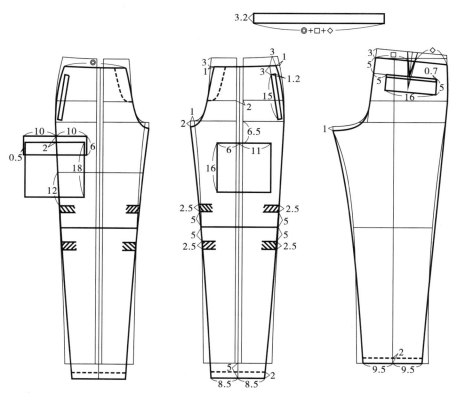

图5-28　工装束脚裤款式4纸样绘制方法

三、短裤

男式短裤的长度一般在大腿中部到小腿中部之间，其中裤长在膝盖线位置附近的短裤被称为五分裤或中裤，裤长在小腿中部附近的短裤被称为七分裤。

根据短裤的款式特征，可将短裤分为正装短裤、休闲短裤和运动短裤；根据短裤的合体程度，可将短裤分为合体短裤、半合体短裤和宽松短裤等。

（一）款式1

1.款式分析

图5-29所示的短裤长度在膝盖线位置下，臀围参考规格98cm。裤子前片无省，后片为育克结构。值得注意的是，裤子的侧缝位置向前片移动，同时前、后侧缝在靠近裤口处有一部分合并裁剪。

图5-29　短裤款式1

2.纸样绘制方法与要点（图5-30）

（1）按照筒裤增加放松量的处理方法，沿前片裤中缝线剪开，平行加入臀围放松量2cm。

（2）腰围线降低3cm，在前侧缝和前中心线处将加宽的2cm腰围放松量收净。

（3）前裆宽增加1cm，前裆深增加2cm，后裆深增加1cm。

（4）裤口线设置在膝盖线下2cm处，适当修正裤口宽度。

（5）绘制腰部的小钱袋和大腿外侧的组合袋，注意大小和位置比例。

（6）将前、后片在侧缝处进行合并，一般可合并至大腿中部位置，将合并后的侧缝向前片移动1.5cm，做成省结构。在这个新的侧缝上绘制前片直插袋，修正后片育克。

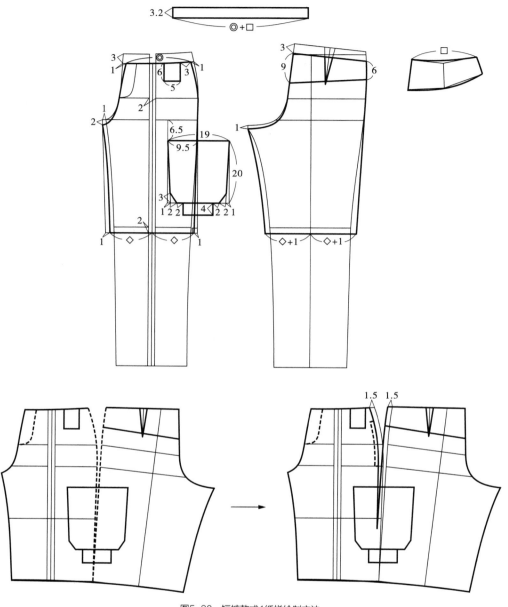

图5-30　短裤款式1纸样绘制方法

（二）款式2

1. 款式分析

图5-31所示的短裤露出膝盖，臀围参考规格110cm。裤子整体宽松肥大，是日常休闲短裤、运动短裤常见的款式。

2. 纸样绘制方法与要点（图5-32）

（1）按照筒裤增加放松量的处理方法，沿前片、后片的裤中缝线剪开，前片平行加入臀围放松量6cm，后片加入臀围放松量2cm。

（2）腰围线降低4cm。这款短裤非常宽松，因此后中心线可以不必倾斜，后腰线也画为水平线。

（3）前裆深增加2cm，后裆深增加1cm。

（4）前片的外侧缝可直接垂直于裤口线，后片的裤口宽比前片裤口宽增加2cm。

图5-31 短裤款式2

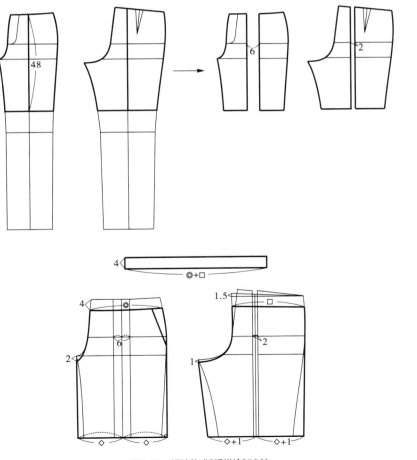

图5-32 短裤款式2纸样绘制方法

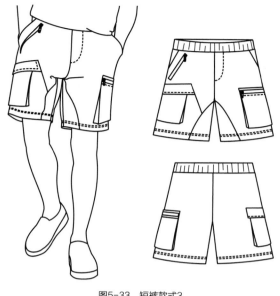

图5-33　短裤款式3

（三）款式3

1. 款式分析

图5-33所示的短裤露出膝盖，臀围参考规格98cm。裤子上拉链口袋、组合袋较多，且左右不对称。

2. 纸样绘制方法与要点（图5-34）

（1）按照筒裤增加放松量的处理方法，沿前片裤中缝线剪开，平行加入臀围放松量2cm。

（2）腰围线降低2cm，裤口定于膝盖线上6cm处。

（3）前裆宽增加1cm，前裆深增加2cm，后裆深增加1cm。

（4）前片左、右不对称，因此分别画出左前片和右前片，按照款式图的比例设计分割线和各个口袋的尺寸和位置。

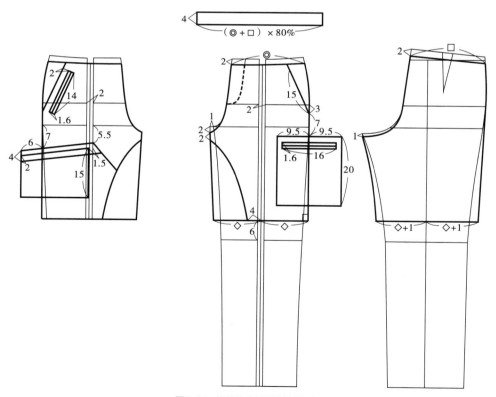

图5-34　短裤款式3纸样绘制方法

（四）款式4

1. 款式分析

图5-35所示的短裤是百慕大短裤。百慕大短裤是一种半正式短裤，在商务休闲装产品中常见，可以与衬衫、西装搭配同穿。其廓型和款式细节与西裤相同，裤长略高于膝盖线。

2. 纸样绘制方法与要点（图5-36）

（1）截取裤长48cm。

（2）腰围线在侧缝处降低2cm，前中心线降低3cm。

（3）画出前片的直插袋和后片的双嵌线袋位置，后片的腰省可缩短至嵌线上端。

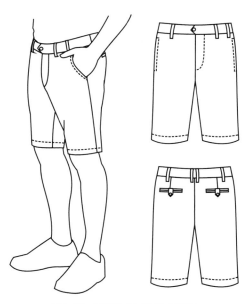

图5-35　短裤款式4（百慕大短裤）

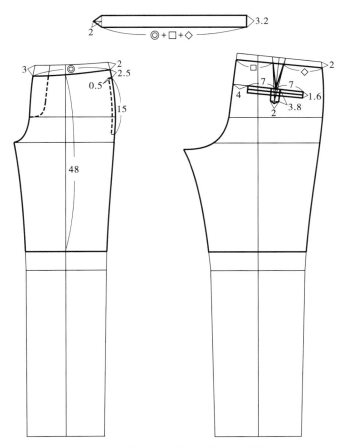

图5-36　短裤款式4（百慕大短裤）纸样绘制方法

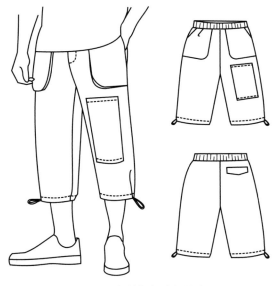

图5-37　短裤款式5（七分裤）

（五）款式5

1.款式分析

图5-37所示的短裤是一条七分裤，长度在小腿中部，臀围参考规格为100cm。前片有两个箱型口袋和单侧贴袋，右后片有一个有袋盖的双嵌线袋。

2.纸样绘制方法与要点（图5-38）

（1）按照筒裤增加放松量的处理方法，沿前片裤中缝线剪开，平行加入臀围放松量3cm。

（2）腰围线降低4cm，截取裤长至小腿中部。

（3）前裆宽增加1cm，前裆深增加2cm，后裆深增加1cm。

（4）画出前片和后片的各个口袋的位置，特别注意边缘为曲线的箱型口袋，在厚度上应先裁出一个长方形裁片。

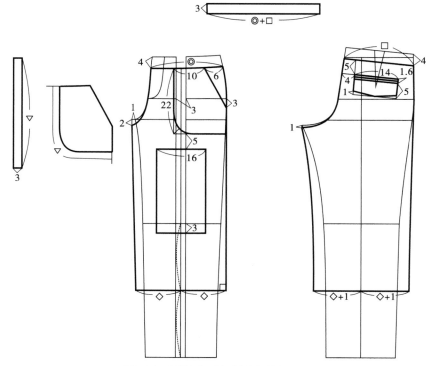

图5-38　短裤款式5（七分裤）纸样绘制方法

四、其他男裤款式

（一）锥形九分裤

1. 款式分析

图5-39所示的锥形裤长度在足踝以上，属于九分裤，臀围参考规格104cm。裤子前片为斜插袋，后片为单嵌线袋，橡筋腰头，在大腿中部有一处横向分割线。值得注意的是，裤子从腰部到膝盖线呈宽松状、小腿部为合体的锥形裤形态，因此锥形裤剪开的位置应该从前裤中缝线转至膝盖线上。

2. 纸样绘制方法与要点（图5-40）

（1）按照锥形裤增加放松量的处理方法，沿前片裤中缝线剪开，转至膝盖线上，加入臀围放松量3cm；同时前、后侧缝各放出1cm。

（2）腰围线降低3cm，裤长缩短6cm，前裤口宽改为15cm，后裤口宽改为17cm。

（3）前裆宽增加1cm，前裆深增加2cm，后裆深增加2cm。

（4）画出前、后片口袋，在大腿中部画出分割线位置（图5-40）。

（二）直筒宽松牛仔裤

1. 款式分析

图5-41所示的直筒宽松牛仔裤臀围参考规格102cm。裤子前片为平插袋加零钱袋，后片为育克加贴袋的经典牛仔裤形制。裤型整体宽松流畅，裤腿稍向外侧进行倾斜处理，与纵向分割线搭配

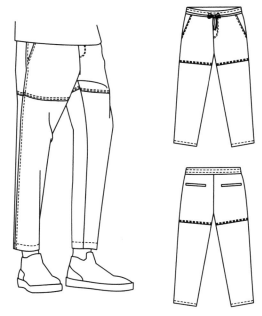

图5-39　锥形九分裤款式图

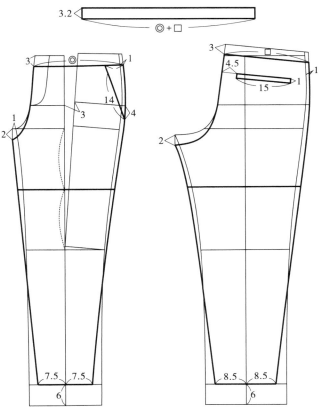

图5-40　锥形九分裤纸样绘制方法

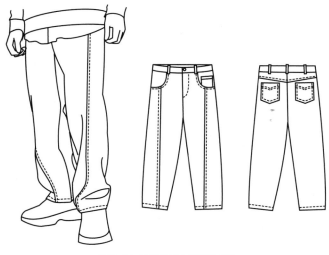

图5-41 直筒宽松牛仔裤款式图

形成独特的扭曲效果。

2．纸样绘制方法与要点（图5-42）

（1）按照筒裤增加放松量的处理方法，沿前片、后片裤中缝线剪开，各加入臀围放松量1cm；同时前、后侧缝各在腰围和臀围处放出1cm。

（2）前片腰围增加的2cm可通过前中心线和平插袋结构收净，后片腰围增加的2cm通过收省和育克结构收净。

（3）前裆宽增加2cm，前裆深增加7cm；后裆宽增加2cm，后裆深增加6cm。

（4）裤口向外侧位移2cm，绘制前后口袋、育克、分割线等。

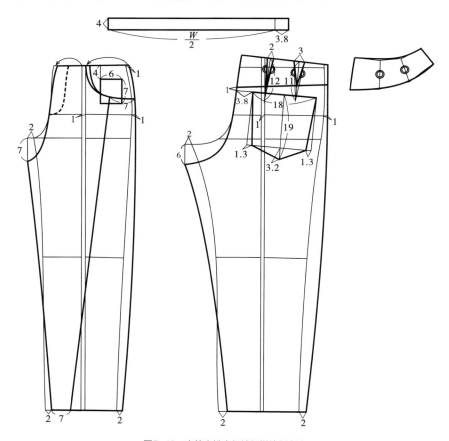

图5-42 直筒宽松牛仔裤纸样绘制方法

（三）背带裤

1. 款式分析

图5-43所示的背带裤臀围参考规格114cm，裤型修长宽松。背带裤的一部分覆盖到上身，因此腰线以上的部分应在衣片基本纸样上确定形状和尺寸。

2. 纸样绘制方法与要点（图5-44）

（1）按照筒裤增加放松量的处理方法，沿前片、后片裤中缝线剪开，各加入臀围放松量5cm。

（2）前裆深增加3cm，后裆深增加2cm；延长裤子长度3cm，前裤口宽改为22cm，后裤口宽改为24cm。

（3）在衣片基本纸样上绘制背带裤的衣身部分，测量出轮廓形状的尺寸。

（4）在裤子纸样上按照（3）中获得的尺寸，绘制出背带裤的衣身部分。

（四）裙裤

1. 款式分析

图5-45所示的短裤廓型呈喇叭形，类似斜裙款式，因此称为裙裤。男性裙装是现代中性时尚现象的一种表现。通过这款裙裤，可以学习如何将裤子基本纸样修改为A型轮廓。

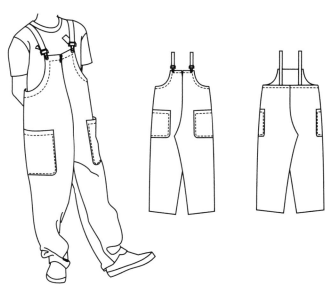

图5-43　背带裤款式图

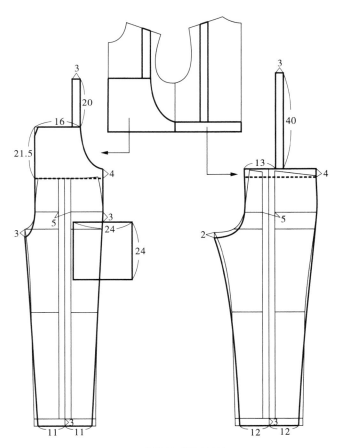

图5-44　背带裤纸样绘制方法

图5-45 裙裤款式图

2. 纸样绘制方法与要点（图5-46）

（1）修改裤子基本纸样，裤长定在膝盖线下8cm处，前、后裆深增加2cm，后腰围线在后中心线处降低1cm，取直角。

（2）沿前片、后片裤中缝线剪开，腰围加放4cm，裤口加放12cm，侧缝加放12cm。

（3）按照款式图，画出裤口的S型轮廓。

（4）绘制前、后口袋。

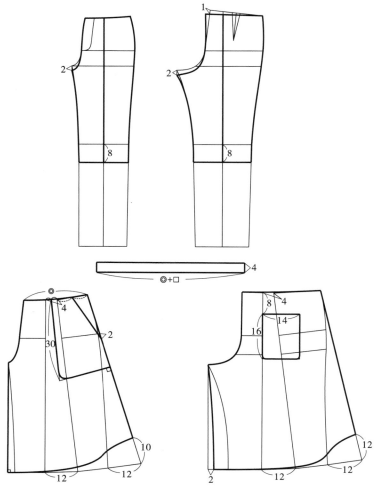

图5-46 裙裤纸样绘制方法

（五）开衩喇叭裤

1. 款式分析

图5-47所示的喇叭裤臀围参考规格94cm，裤长较长。从款式图看，喇叭形的奓起位置在膝盖线以上，裤口开衩位置约在足踝处。可以将裤长设计成前短后长的形式。

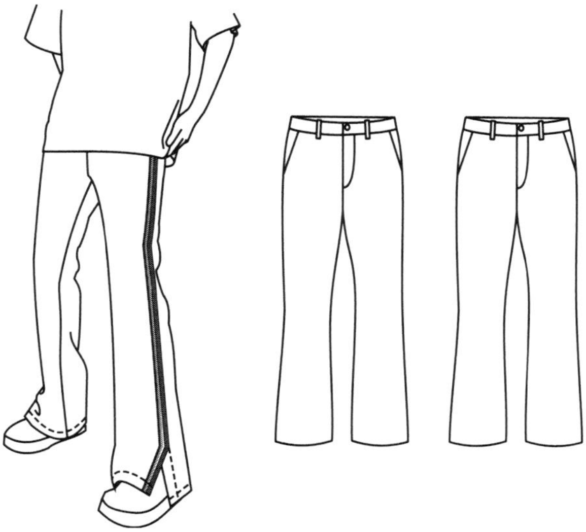

图5-47　开衩喇叭裤款式图

2. 纸样绘制方法与要点（图5-48）

（1）裤子的腰臀部廓型和款式细节与裤子基本款式非常接近，可直接使用基本纸样修改裤型。

（2）喇叭裤一般是低腰款式，因此先将腰线抬高1cm，再截取3cm的腰头，通过转省合并的方法画出腰头纸样。

（3）前片裤长延长5cm，裤口宽尺寸改为24cm；后片裤长延长8cm，裤口宽尺寸改为26cm；奓起位置定在膝盖线上5cm处，在距离前裤口线8cm处设置开衩止点，后裤口开衩止点见图5-48。

（4）绘制前、后口袋等。

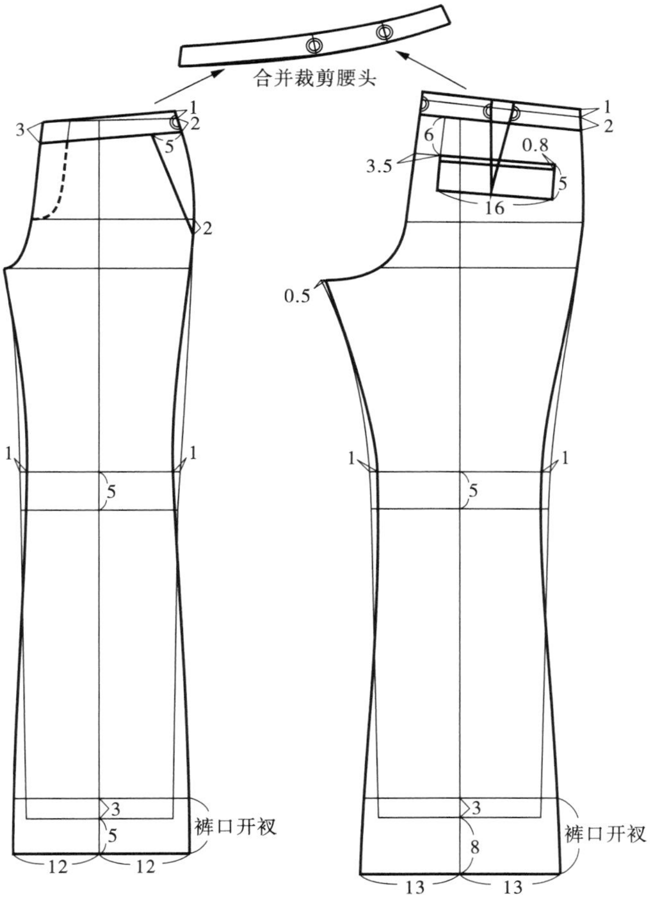

图5-48　开衩喇叭裤纸样绘制方法

（六）哈伦七分裤

1. 款式分析

哈伦裤是裆部宽松、裤脚收紧的裤子款式。图5-49所示的哈伦裤臀围参考规格134cm，

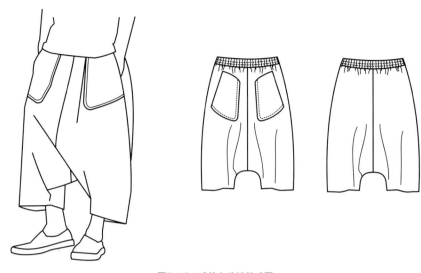

图5-49　哈伦七分裤款式图

裤长在小腿中部至足踝之间，最重要的特征是裆线的位置非常低。裆线位置低会大大降低裤子的活动性，因此必须增加裆宽，予以弥补。

2. 纸样绘制方法与要点（图5-50）

（1）在基本纸样上，前裆宽增加6cm，后裆宽增加3cm；后腰线调为水平线。

（2）裤长定为85cm，裤口线向上15cm定为裆线，裤口宽左右各加出2cm。

（3）沿前、后裤中缝线剪开，各加入臀围放松量10cm，裤口宽加放4cm。

（4）按照款式图所示的口袋形状和位置，绘制口袋纸样（图5-50）。

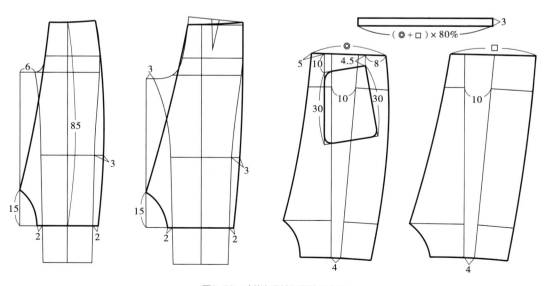

图5-50　哈伦七分裤纸样绘制方法

（七）极宽松筒裤

1. 款式分析

图5-51所示的筒裤臀围参考规格126cm，整体廓型非常肥大。

2. 纸样绘制方法与要点（图5-52）

（1）按照筒裤增加放松量的处理方法，沿前、后裤中缝线剪开，各加入臀围放松量8cm。

（2）裤子的横向放松度已经非常充足，因此档宽不必增加，只增加档深即可，前档深增加2cm，后档深增加1cm。

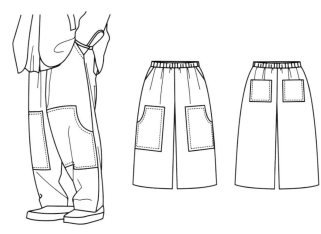

图5-51　极宽松筒裤款式图

（3）裤长缩短4cm，裤子的内侧缝和外侧缝画直；绘制前、后口袋纸样。

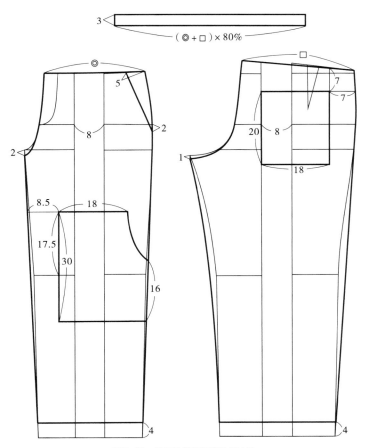

图5-52　极宽松筒裤纸样绘制方法

第六章

PART 6

男T恤与衬衫结构设计
方法与应用

T恤与衬衫在传统上属于男装的内衣类产品，一般结构简单，裁剪合体。在休闲装开始流行的时代，T恤与衬衫由于其别样的风貌和舒适性，成为外穿服装。T恤是常见的春夏季服装，面料常为棉质针织品，具有柔软、透气、吸汗、散热等优点，穿着舒适，便于运动，成为现代最受欢迎的服装之一。衬衫由梭织面料制成，正装衬衫外观平整光洁，风格端庄文雅，富有仪式感，在春夏季成为代替西装的正式服装；休闲衬衫可以使用花式面料，采用大廓型裁剪的方法，或者加入口袋、分割线、褶裥、连身帽等款式设计要素，呈现出丰富多变的外观，也是深受欢迎的现代休闲装品类之一。

第一节　男T恤结构设计方法与应用

按照领型，T恤可分为无领T恤（T恤汗衫）和有领T恤两类。

按照袖长，T恤可分为短袖T恤、五分袖T恤、七分袖T恤和长袖T恤等。

按照合体程度，T恤可分为紧身T恤、合体T恤和宽松T恤。

总体来说，T恤最常见的两种款式是圆领T恤和翻领半开式T恤。T恤形态自然，廓型线条松弛，在传统意义上不属于正装范畴，圆领T恤更是典型的休闲装。然而随着现代男装整体正式级别的降低，翻领T恤因为其类似衬衫的领型和合体的裁剪，被看作商务休闲装中的一类，适宜在半正式的场合穿着。

一、无领T恤

（一）紧身T恤

紧身T恤的胸围放松量一般为4~8cm，规格为92~96cm。男装基本纸样的胸围放松量为16cm，因此应在基本纸样的基础上，在侧缝处减去8~12cm。

以胸围放松量为6cm的紧身T恤为例（图6-1），这是较为典型的紧身T恤的纸样处理方法。纸样绘制方法与要点为：

（1）在基本纸样上减去5cm（半身纸样），按照纸样放缩松量的一般规律，在前侧缝减去3cm，后侧缝减去2cm。

（2）按照款式要求加出腰围线以下的长度，常见的长度可参考身高/8。

（3）按照罗纹领口的绘制方法，绘制领口罗纹纸样。

（4）收紧肩线和袖窿曲线，前、后片适当抬高腋下点1cm。

（5）袖山顶点下落1cm，袖山底线左、右端点分别向袖子内侧移动2.5cm，收紧袖宽，袖长定为20cm。

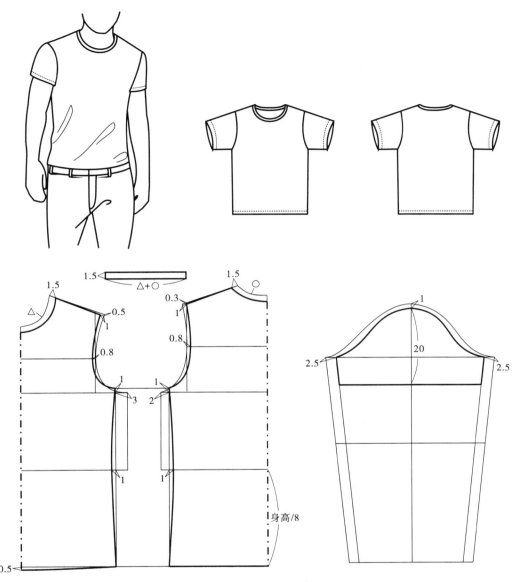

图6-1　紧身T恤款式与纸样

（二）宽松T恤

图6-2所示的T恤款式胸围放松量为36cm，胸围规格为124cm，款式宽松肥大，是具有代表性的宽松型T恤款式。纸样绘制方法与要点为：

（1）在基本纸样上加入10cm胸围放松量（半身纸样），按照纸样放缩松量的一般规律，在前侧缝和后侧缝分别增加5cm的宽度。

（2）按照款式要求加出腰围线以下的长度，本款T恤衣长规格为72cm，因此在腰围线

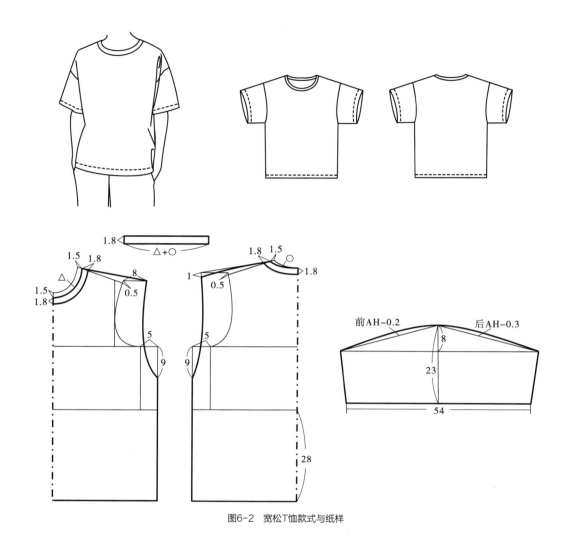

图6-2　宽松T恤款式与纸样

以下加出28cm。

（3）按照款式要求，领口略宽松，因此需先做加大领口的处理，然后画出宽度为1.8cm的罗纹领口形状。

（4）前、后肩点抬高0.5cm，肩线延长8cm，腋下点下落9cm，修改袖窿弧线，使其曲度平缓，符合宽松廓型服装的袖窿形态要求。应注意，后肩点下落1cm的处理，是为了减小前、后袖窿的长度差，使差量控制在1cm以下，否则袖子的形态会出现前、后袖宽差距过大的不平衡状态。

（5）宽松廓型的袖山高较低，常见6～9cm，本例将袖山高定为8cm，袖长23cm。袖长尺寸加上肩线延长量，使袖口至肩点的实际距离为31cm，袖口线大约在肘线以上5cm处。

二、翻领T恤

翻领T恤一般指POLO衫。POLO衫具有一些固定的款式特征，如罗纹翻领、半开式前领口、廓型合体、罗纹袖口等。POLO衫常见的款式细节变化有胸袋、下摆形式、衣身分割线等。

如图6-3所示的款式为最常见的长袖POLO衫，下摆形式为前短后长式，同时在侧缝设有短开衩。图6-4所示的款式为短袖POLO衫，左胸有贴袋，下摆为弧形，也设有短开衩，同时肩线向前身移动2.5cm。图6-5所示的款式被称为高尔夫衫，半开式前领口较长，下摆为直线形，在肩部设置了类似育克的裁片结构，腋下也分割出了单独的裁片。

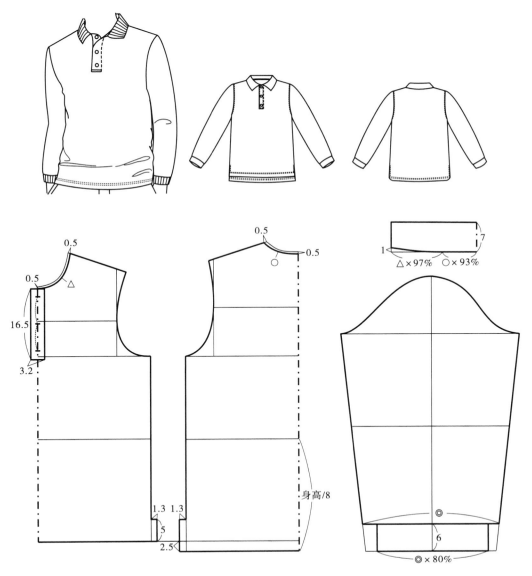

图6-3　长袖POLO衫款式与纸样

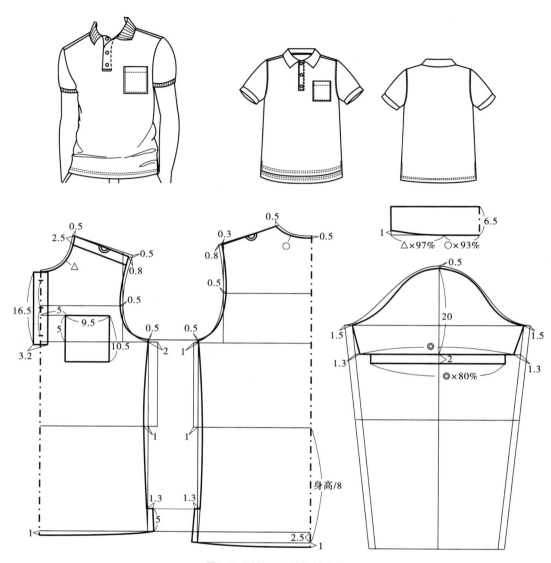

图6-4 短袖POLO衫款式与纸样

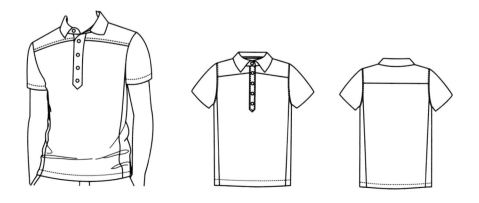

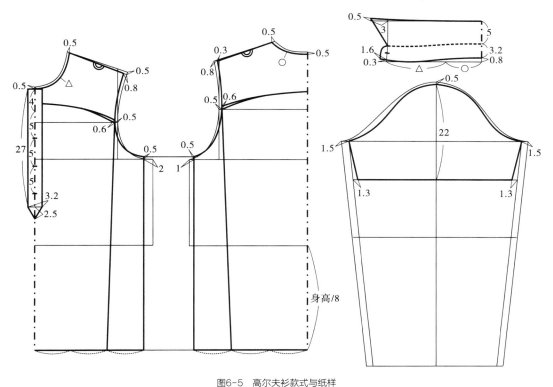

图6-5　高尔夫衫款式与纸样

第二节　男衬衫结构设计方法与应用

　　衬衫具有特定款式特征，领型一般为合体的连体翻领、分体翻领或立领，袖型为装袖，可分为长袖和短袖，其中长袖袖口有袖克夫和袖衩，前门襟钉纽扣，肩部常见育克结构和左前胸贴袋。

　　衬衫可分为礼服衬衫、正装衬衫和休闲衬衫。其中正装衬衫对合体程度和穿着舒适性要求很高，板型和尺寸较为固定。表6-1所示为常见的衬衫规格尺寸表，图6-6所示为对应的测量部位。值得注意的是，对于衬衫来说，领围尺寸的重要性不亚于胸围规格和衣长。许多品牌衬衫甚至以领围的大小作为衬衫的号型规格。

表6-1　正装衬衫成衣规格尺寸表

单位：cm

号型	领围	衣长	肩宽	胸围	腰围	摆围	袖长		袖口围	
							长袖	短袖	长袖	短袖
165/80A	37	72	43.6	98	90	96	59.5	20	20	34.5

续表

号型	领围	衣长	肩宽	胸围	腰围	摆围	袖长		袖口围	
							长袖	短袖	长袖	短袖
170/84A	38	74	44.8	102	94	100	61	21	21	35.5
170/88A	39	74	46	106	98	104	61	21	21	36.5
175/92A	40	76	47.2	110	102	108	62.5	22	22	37.5
175/96A	41	76	48.4	114	106	112	62.5	22	22	38.5
180/100A	42	78	49.6	118	110	116	64	23	23	39.5
180/104A	43	78	50.8	122	114	120	64	23	23	40.5
185/108A	44	80	52	126	118	124	65.5	24	24	41.5
185/112A	45	80	53.2	130	122	128	65.5	24	24	42.5

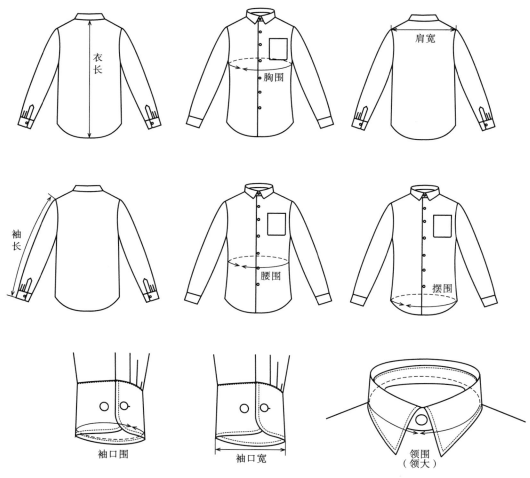

图6-6　衬衫测量部位

　　图6-7~图6-11所示的五个衬衫款式实例是在常规衬衫的基础上加入了一些时尚性设计，合体程度从紧身型、半紧身型、合体型到宽松型，胸围放松量从12~28cm，胸围规格从100~116cm。细节部件中的门襟、下摆、袖长、胸袋形式等均有不同变化。其中图6-10、图6-11所示的款式是衬衫式外套，放松量充足，可以作为秋冬季外套穿着。

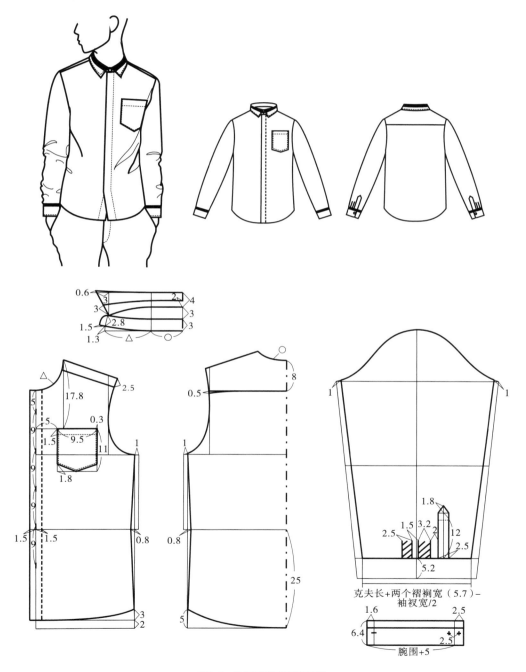

图6-7　紧身型衬衫款式与纸样

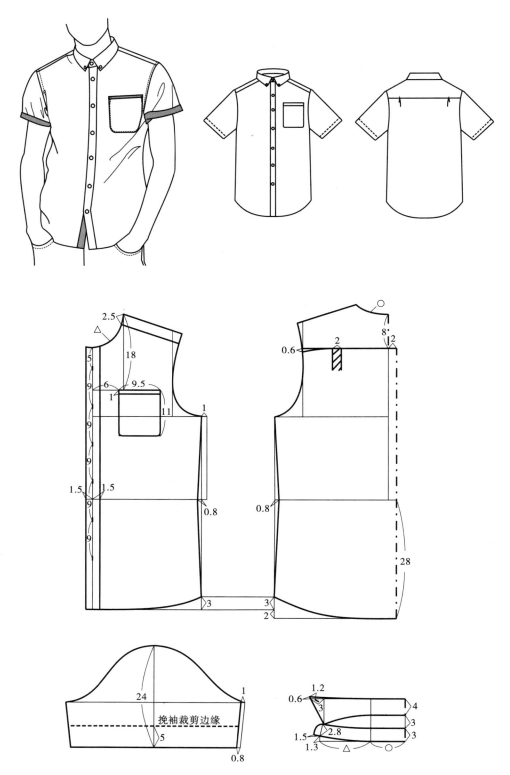

图6-8　半紧身型衬衫款式与纸样

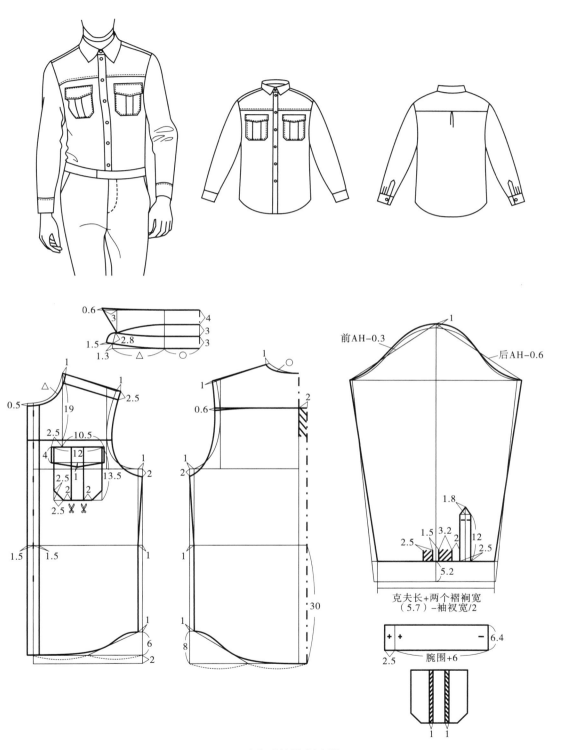

图6-9　合体型衬衫款式与纸样

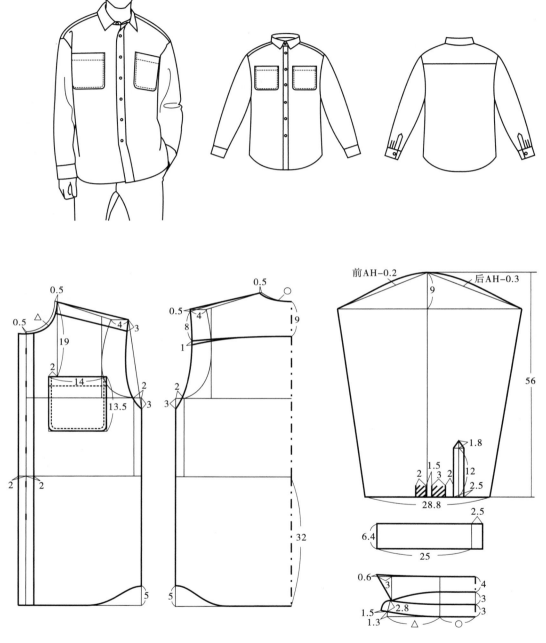

图6-10　宽松型衬衫款式与纸样

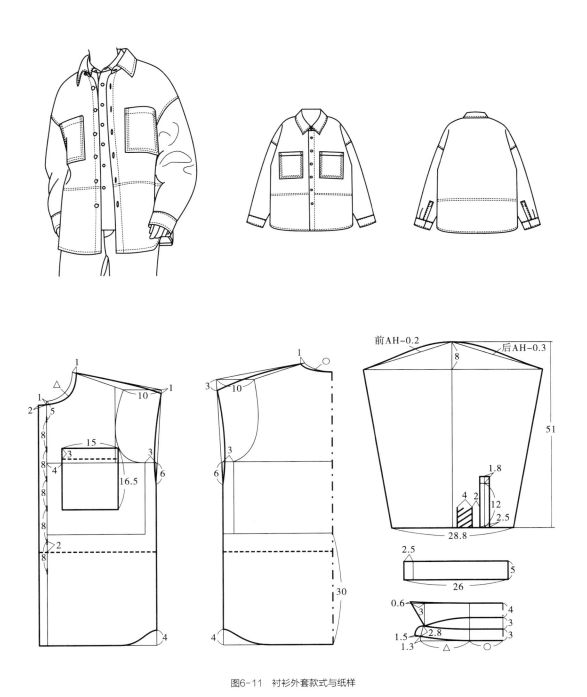

图6-11 衬衫外套款式与纸样

第七章

PART 7

男西装结构设计方法
与应用

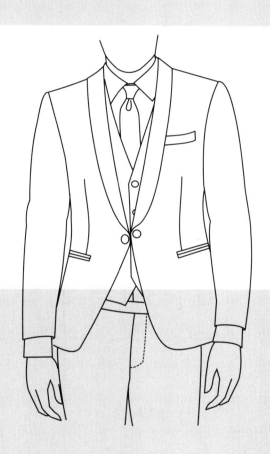

西装的廓型方正合体，款式形式固定而又不失细节变化，风格简洁而又具有含蓄内敛的装饰感与美感，是近现代最具有代表性的男性正装。

西装的结构严谨，轮廓线与结构线的形态、分割线与省道的走向均蕴含着较高的结构与工艺技术，整体呈现出独具特色的结构美与技术美。

在西装的结构设计中，应格外关注其具有普遍适用性的结构形式、各条结构线的设置与作用，以及根据款式细节调整纸样的一般思路与方法。还应注意男西装平缓而有力度的结构线特征，随着人体位置不同而变化的收腰省量规律，领子、扣位、口袋等款式要素的位置与比例关系等。

第一节　男西装的款式变化

男装注重细节美与含蓄美，特别是男西装，虽然总体形式固定，但细节变化丰富。除了色彩、图案和面辅料变化外，男西装的款式结构变化也是其常见的时尚流行点。款式变化一般表现在廓型、门襟与扣子形式、领型、衣身结构、后开衩形式、口袋形式等要素上（图7-1）。

图7-1　男西装款式变化

一、廓型

男西装的廓型可分为H型、X型与V型（图7-2）。

H型的男西装长度适中，造型中庸，适应的人群与场合广泛，是最常见的男西装廓型，因此又被称为经典型（Stylish Classic）。

X型的男西装修长贴体，有较明显的腰线，外观时尚优美，因此又被称为时尚型（Modern）。

V型的男西装肩胸部较为宽松，长度可以稍微缩短，整体呈上宽下窄的形式，这样的西

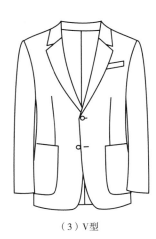

（1）H型   （2）X型   （3）V型

图7-2　男西装三种典型廓型

装廓型更偏重力量感与运动舒适性，因此又被称为运动型（Sporty）。

值得注意的是，由于男装风格比较内敛，这三种廓型的差别往往并不非常明显，彼此在肩宽、腰围和摆围上仅有1~2cm的差别。

由于不同廓型的实际效果呈现出了不同的风格，因此廓型的差别往往伴随着配套的款式细节的差别。例如，X廓型的西装往往有个性化、时尚化的细节设计，而V廓型常见于运动西装，所以串口线倾斜角大，常配置贴袋，整体风格放松随意。

二、扣子与门襟形式

如图7-3所示，按照扣子的排列形式，西装可分为单排扣和双排扣，门襟也可相应分为单排扣门襟和双排扣门襟。其中双排扣形式感更强，因此正式级别高于单排扣，常用于礼仪服装。

按照扣子的数量，单排扣西装常见一粒扣、两粒扣、三粒扣，扣子越多，则领口下端的第一粒扣位置越高。当扣子数量达到四粒以上时，将导致领子面积过小而影响西装结构的视觉比例。这时往往需要减小扣子之间的距离，同时在其他款式细节上进行协调，以获得西装结构的平衡。

双排扣西装常见2+2（2粒装饰扣、2粒实用扣）、2+4（2粒装饰扣、4粒实用扣）、4+2（4粒装饰扣、2粒实用扣）、4粒扣（4粒实用扣）、6粒扣（6粒实用扣）等形式。

在门襟到底边的转角区域，有圆弧形和方形两种常见选择。单排扣搭配圆弧转角，双排扣搭配方形转角，这样的搭配关系非常和谐，是细节形态呼应整体服装风格的必然结果。

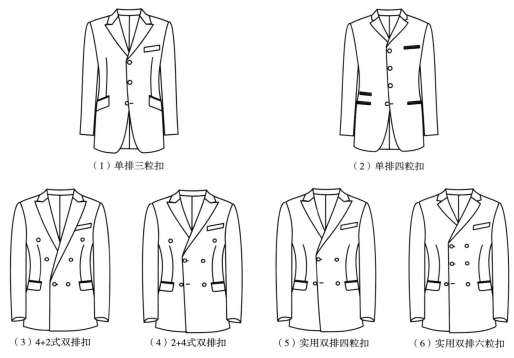

（1）单排三粒扣　　　　　　　　　　　　　　　　　（2）单排四粒扣

（3）4+2式双排扣　　　（4）2+4式双排扣　　　（5）实用双排四粒扣　　　（6）实用双排六粒扣

图7-3　男西装的扣子与门襟形式

三、领型

西装的领型主要是翻驳领，按照领型可分为平驳领、戗驳领和青果领。领子的面积和形态受扣子个数的影响，款式的可设计要素有串口线的位置和倾斜程度、领嘴的细节形态、驳领的宽度、翻领的领座与领面高度等，具体变化在第四章第二节中已进行了介绍和分析。

领型与西装的廓型、门襟的形式有一定的联动关系。如戗驳领与双排扣、平驳领与单排扣是传统的经典搭配（图7-4）。当然，随着时尚的变迁和创新发展，男装的规则边界不断被打开，以往非常少见的青果领搭配双排扣的款式也被接受。

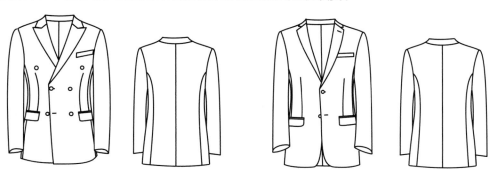

图7-4　领型与门襟的经典搭配

四、衣身结构

男西装的衣身结构可分为四开身、六开身和加腹省六开身等经典结构。其中六开身结构是在前片腋下多设一条分割线，因此裁剪的合体度更佳；加腹省六开身结构则是利用前片开袋处的剪开位置，加入一个腹省结构，增加了腹部容量，更适合腹围稍大的男性体型（图7-5）。

男西装在现代呈现出越来越自由化和个性化的趋势。在衣身结构上，越来越多的裁剪打破传统的四开身和六开身结构的限制，而是采用更加灵活和放松的裁剪方式。

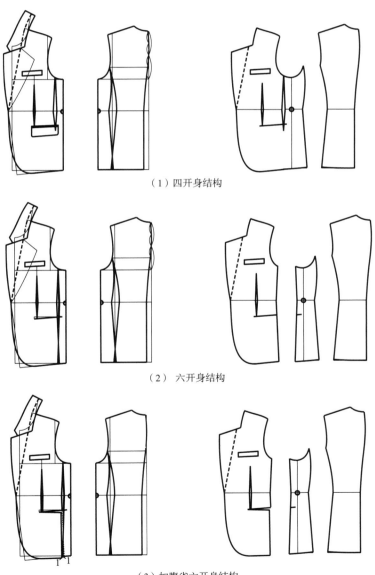

（1）四开身结构

（2）六开身结构

（3）加腹省六开身结构

图7-5　男西装常见衣身结构

第二节　男西装的常见廓型与结构处理

一、H廓型

图7-6所示的西装是最常见的经典款式。款式特征为单排两粒扣，H廓型，六开身结构，平驳领，单嵌线手巾袋，双嵌线加袋盖大口袋。

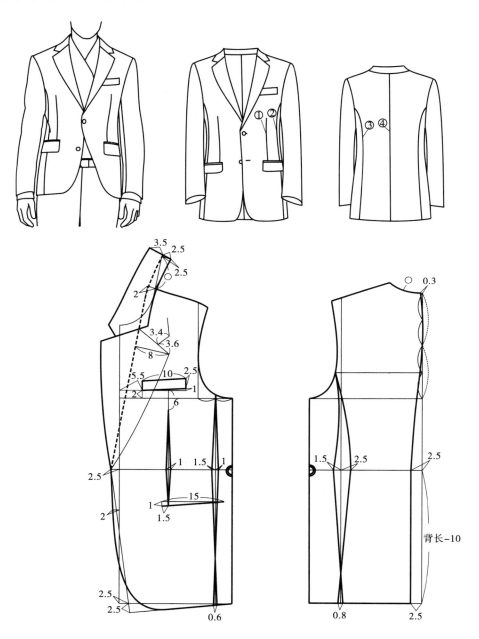

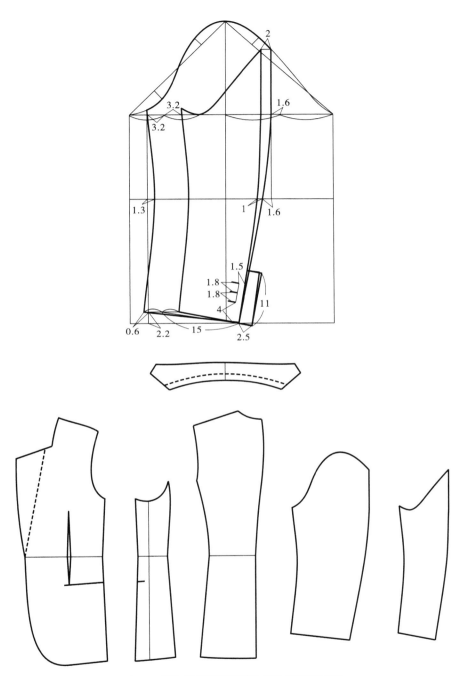

图7-6　单排两粒扣H廓型西装款式图与结构设计方法

男西装通过内部的省与分割线结构塑造胸—腰—臀形态，其结构特点是：

（1）收腰塑型结构：①胸腰省；②前片腋下分割线；③后片腋下分割线；④后中线分割线。

（2）与女装相比，男性本身的三围变化不大，收腰量比较保守，同时，男性人体前身起伏相对平缓，后身的肩部到腰部起伏较大。因此收腰量从后中线至胸省呈现从大到小的变化规律，即后中线分割线收腰量＞后片腋下分割线收腰量＞前片腋下分割线收腰量＞胸腰省收腰量。以图7-6所示纸样为例，分别是后中线分割线收腰量为5cm，后片腋下分割线收腰量为4cm，前片腋下分割线收腰量为2.5cm，胸腰省收腰量为1cm。

（3）分割线的走向以人体曲线为准，兼具塑造服装形态的作用。如后中线分割线，以后颈点为起点，以肩胛骨凸起处为切点，在收腰后，并不按照人体的臀部凸起形状向右画弧线，而是在下摆处同样收了2.5cm。这样的处理手法可以减小西装的臀围放松量，收紧臀部，减小三围的视觉差量，使服装整体呈现H型的外观。

二、X廓型与V廓型

（一）X廓型

X廓型与H廓型相比，特点是收腰量增大，下摆的围度增大。因此在六开身的前、后大身裁片与腋下片的分割线处，分别收腰0.5cm；在后片大身与腋下片的下摆处，分别增加0.5cm。这样的处理方法将使腰围均衡地减小4cm，下摆增加3cm，腰围与下摆的差量增加7cm，有效地达到X廓型的外观效果（图7-7）。

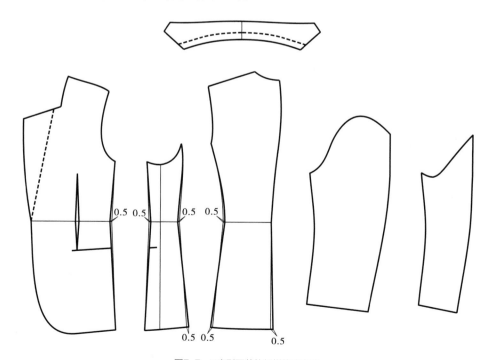

图7-7　X廓型西装的纸样修改方法

（二）V廓型

V廓型的特点是肩部宽而下摆相对较窄，可以采用纸样剪切的方法进行廓型修改。将前片、腋下片、后片纵向剪开，加入5cm，然后在前、后大身裁片与腋下片的分割线处，分别收紧下摆1cm。这样的处理方法使肩宽左右各加宽2cm，总肩宽加宽4cm，而经过修改后的下摆围度比胸围小了8cm，有效实现了V廓型的外观效果。同时，由于V廓型是运动风格，因此衣身的腋下点下落1cm，从而增加手臂的活动量，大袖和小袖也相应在袖山高处抬高1cm，并分别加宽0.5cm（图7-8）。

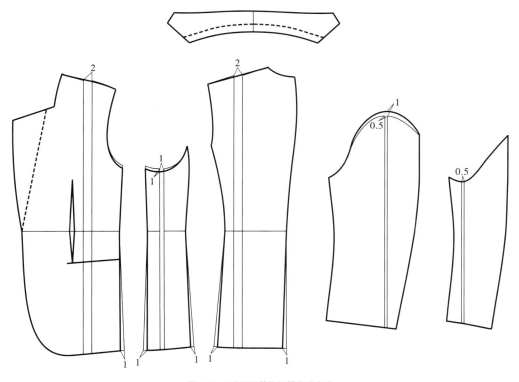

图7-8　V廓型西装的纸样修改方法

三、加腹省款式

西装非常讲求合体，特别是前衣身，尤其重视平整板正。加入腹省结构，可以使前片门襟位置更加垂直挺正，有利于塑造西装细部造型；同时，腹省可以增加西装前中部位的容量，对于一些腹部略有凸起的男性人群来说，也更为适体。

腹省结构巧妙地利用了大口袋的嵌线位置与六开身的腋下分割线的交点向下1cm，与嵌线的左端点连接，形成腹省结构；腋下分割线在下摆处延长1cm，以弥补腹省省量造成的分割线长度差，同时分割线底端向左画1cm，这样在缝合以后，可以使前中线的圆弧下摆向侧缝拉紧，形态更加紧凑合体（图7-9）。

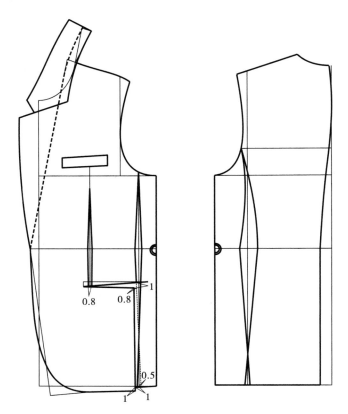

图7-9　六开身西装纸样的加腹省方法

第三节　男西装结构设计实例

一、变款塔士多男西装结构设计

图7-10所示的男西装款式特点为青果领，有两粒装饰性的扣子，双嵌线口袋。款式与塔士多西服非常接近，可以认为是塔士多西服在扣子上做了微小变化的变款。

虽然有两粒装饰扣，但本质上可认为是一粒扣西装。一粒扣西装的扣位一般设置在腰围线处。本款西装的扣子并没有扣合的实用作用，因此根据款式图呈现的特点，未加出门襟宽度。

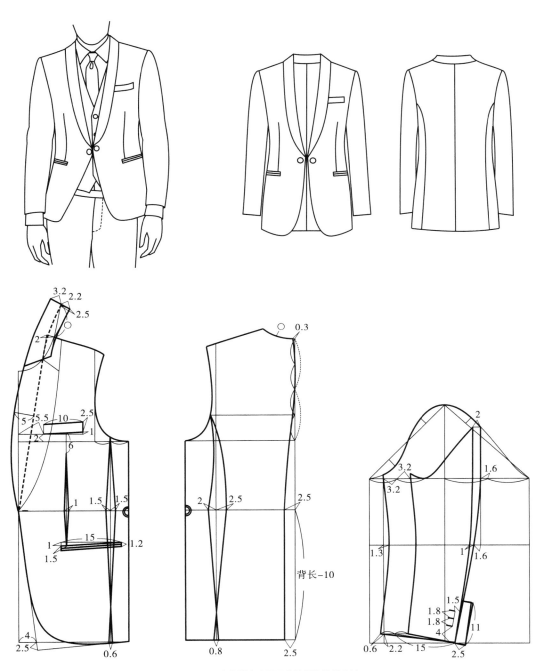

图7-10　变款塔士多男西装的结构设计方法

二、单排三粒扣男西装结构设计

图7-11所示为单排三粒扣男西装，衣身上设置了四个口袋，两个胸袋为贴袋，两个大

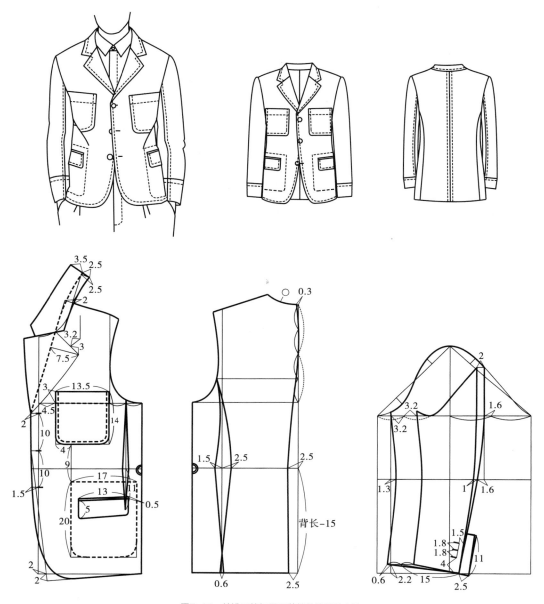

图7-11 单排三粒扣男西装的结构设计方法

口袋为组合袋。这个形式是非传统的，但也令人联想到传统西装中的猎装，属于对西装的
继承和再设计。

　　由于款式呈现的是以口袋为主要元素的工装风格，因此整体廓型不像传统西装那样修
身，而是较为放松。选择这种放松廓型，也由于口袋数量多，面积大，与胸腰省、腋下分
割线等修身结构无法搭配和谐。因此，本款男西装仅在前片腋下设一个省结构，而保留了
后片腋下的分割线结构和后中线的分割线结构。

三、单排四粒扣男西装结构设计

图7-12所示的男西装为单排四粒扣，由于扣子数量较多，因此领子面积非常小。这个款式也是传统西装的变款设计，为了实现简洁干练的外观效果，前片没有设置胸腰省。但在右半身设置了票据袋，以避免款式呆板单调。

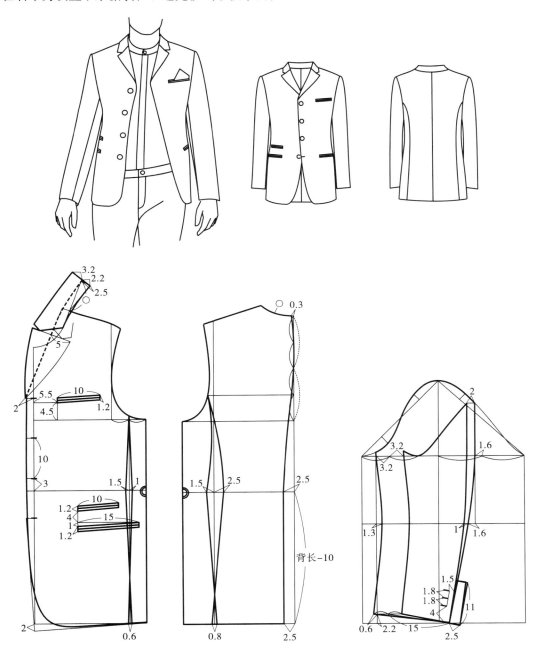

图7-12　单排四粒扣男西装的结构设计方法

西装右半身的票据袋，又称为小钱袋，传统上是绅士们听歌剧的时候放票的口袋，后来成为英式西服特有的一种口袋形式。票据袋与大口袋形式保持一致，可以有袋盖（图7-13）。

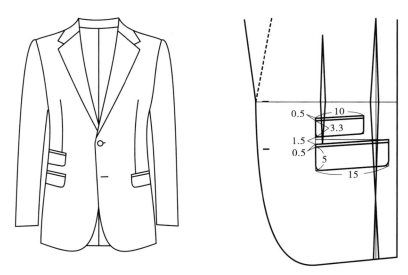

图7-13　有袋盖的西装票据袋结构设计

四、2+4式双排扣男西装结构设计

图7-14所示的男西装为2+4式双排扣，戗驳领，整体形制较为传统。这类西装比较适合年龄偏大的男性，因此在衣身上设置了腹省结构。

由于是双排扣、戗驳领，所以领子的倒伏量相应增加，否则无法保持领子与衣身结构的平衡关系。

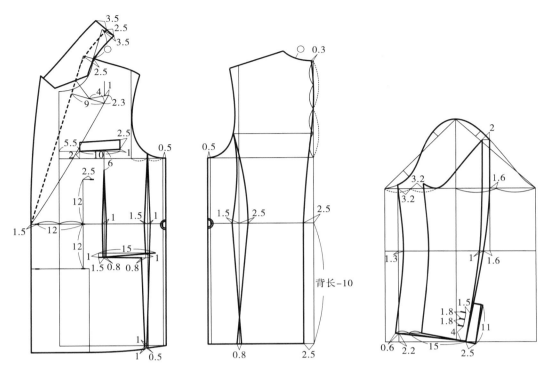

图7-14　2+4式双排扣男西装的结构设计方法

第四节　西装式短大衣结构设计实例

一些大衣或外套款式，具有与西装同样的廓型和风格，也采用四开身、六开身和合体袖结构，只是面料使用厚毛呢类，衣长或款式细节有一定变化，这样的款式都可使用西装结构设计方法进行纸样处理。下面通过两个实例进行介绍。

一、2+6式双排扣男短大衣

图7-15所示的短大衣，2+6式双排扣，大口袋为有袋盖的贴袋，前片不设胸腰省（厚毛呢面料由于厚度的原因，很少采用省结构），整体以保暖为主要目的，结构线较少。因此在结构设计中，前、后侧缝各增加1cm的胸围放松量，仅保留后片的腋下分割线和后中心分割线，同时减小省量。口袋的大小随衣片的面积增大而增加。

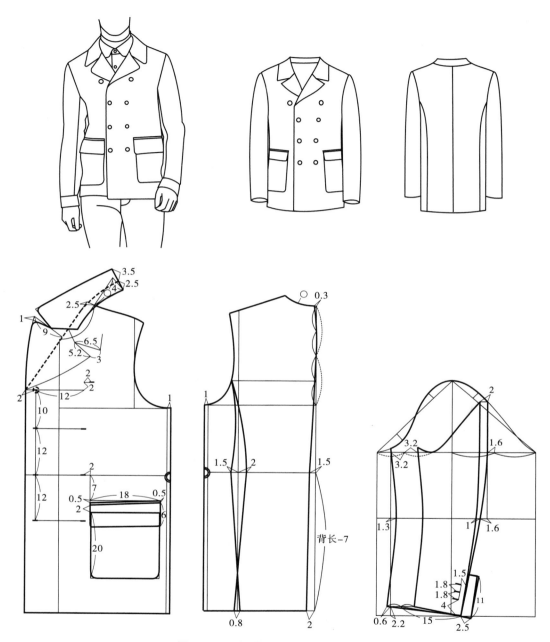

图7-15 2+6式双排扣男短大衣的结构设计方法

二、五粒扣男短大衣

图7-16所示的五粒扣男短大衣，衣长较短，门襟较宽，扣子略偏向右半身。此款式以口袋作为设计重点，胸袋为有袋盖的箱型口袋，窄而长，大口袋宽而短，两个口袋的设置

与衣长、扣子位置、领子大小等搭配和谐，视觉中心集中在肩胸部位，整体结构紧凑而富有力量感。

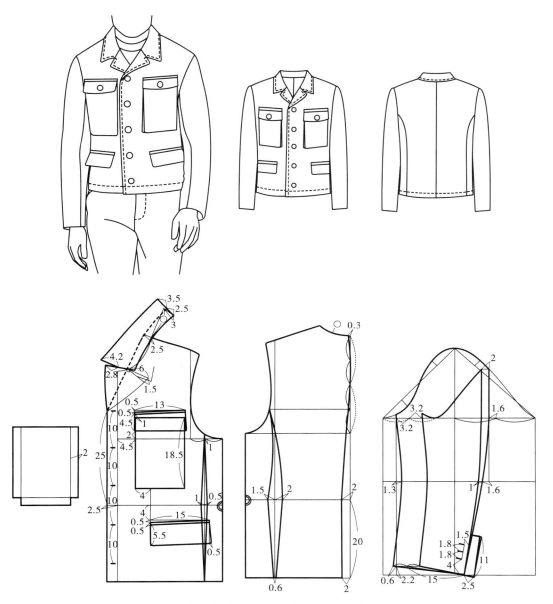

图7-16 五粒扣男短大衣的结构设计方法

PART 8

男装综合结构设计

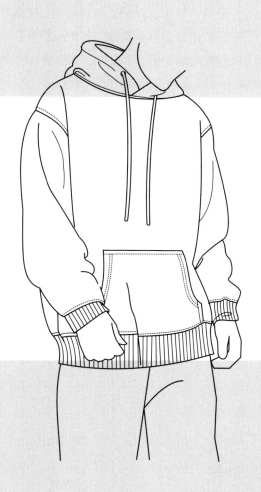

服装结构设计是一项需要缜密思维和系统性方法的工作，如果只是着眼于个别款式和个别纸样，将失去变通的能力，也无法实现结构设计的创造性意义。面对快速变化的时尚、多种多样的款式，必须厘清思路，找到规律性、系统性的方法。

如前文所述，男装与女装相比，呈现出规范性与工效性的特点，因此男装的结构设计是在较为清晰明确的规范框架内进行的，对板型质量要求较高，规律性较强。然而在现代时尚背景下，仍然不断涌现出许多新的廓型与款式结构要素，男装的规范边界正在瓦解。只有通过学习和实践，不断地积累经验、摸索方法，建立自己的结构设计方法体系，才能把握时尚变化的本质特征，准确分析款式，提高打板的成功率和服装设计的水平。

第一节　男装结构设计的分步拆解方法

在进行服装结构设计的时候，首先应进行款式分析。对于任何一个款式来说，结构分析的一般方法是先外后内，先大后小，先主后次，即先分析廓型，再看内部结构；先分析衣身等大部件，再看领子、袖子等小部件；先分析衣身、领、袖等主要裁片，再看内部的省、分割线、口袋等结构和次要组成细部件（图8-1）。

以图8-2所示的空军夹克为例，进行男装结构设计的款式分析和纸样绘制。

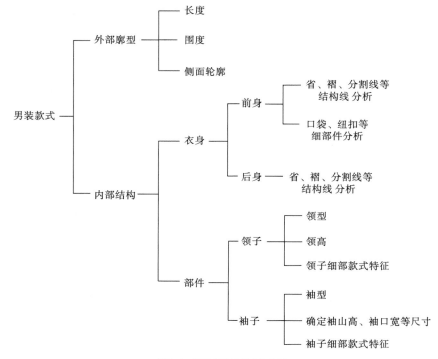

图8-1　男装结构分析分步步骤

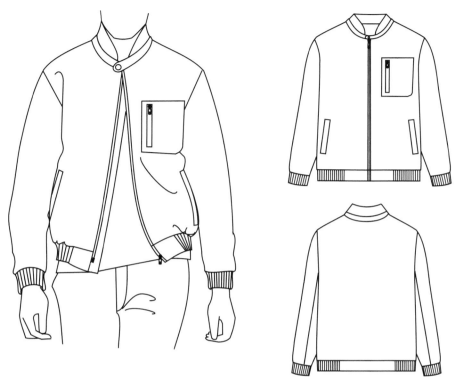

图8-2　男装结构设计实例——空军夹克

一、基本纸样的放松量与轮廓修改

图8-2所示的款式是半合体型夹克，需内穿T恤或薄毛衣，因此需要增加衣服的内在容量，但款式外观仍保持合体的廓型，衣长在臀围线以上。

这类秋冬季半合体外套的廓型较为常见，胸围规格为112~116cm，衣长67~70cm。本款将胸围规格定为112 cm，衣长定为68cm。基本纸样的胸围规格为104cm，因此需要在基本纸样的基础上加入4cm（半身制图），衣长在腰围线下加长24cm（包括罗纹下摆边）。

图8-3所示的衣身基本纸样修改方

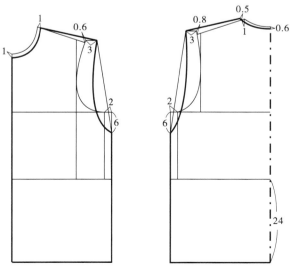

图8-3　衣身基本纸样的放松量与轮廓修改

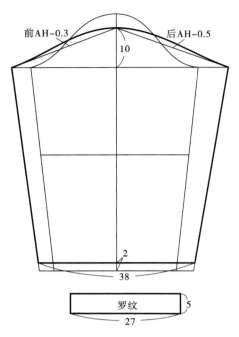

前AH-0.3　　后AH-0.5

10

2

38

罗纹　5

27

图8-4　袖子纸样的基本轮廓设计

案在前片和后片侧缝各增加了2cm胸围放松量，加大了领口，抬高并延长了肩线，腋下点下落6cm。修改后的纸样增加了肩、袖、胸等处的容量，适合继续增加款式细节，制作成胸围规格为112cm左右的各种款式服装的纸样。

宽松廓型的袖子袖山高一般为6～10cm，袖山高越小，袖子越宽松。本款夹克将袖山高设定为10cm，袖长（包括罗纹袖口）定为65cm（图8-4）。

二、衣身纸样的款式细节设计

在图8-3的基础上，加入门襟、罗纹下摆边、胸袋、侧袋等款式细节，注意各部位的长宽比例与衣身之间的比例关系和部件彼此之间的比例关系（图8-5）。

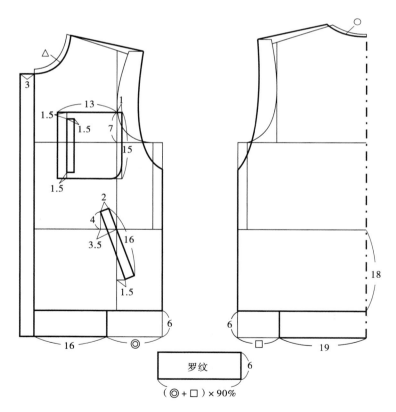

△

3

13　1

1.5

1.5　7

15

1.5

2

4

3.5　16

1.5

16　◎

6

18

6　□　19

罗纹　6

（◎+□）×90%

图8-5　衣身纸样的款式细节设计

三、袖子纸样的款式细节设计

宽松型外套常见的袖子结构是在后袖中线设置一条分割线，以分散袖根宽度和袖口宽度之间过大的差量，使袖子结构保持平衡（图8-6）。

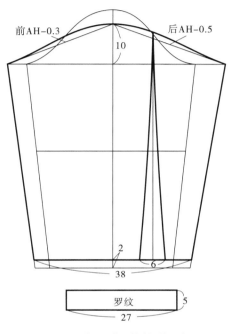

图8-6 袖子纸样的款式细节设计

四、领子纸样的款式细节设计

这款夹克的领子款式较为特别，由一个梭织立领和一个罗纹立领组成。以前、后领围为制图尺寸基准，把握款式图上的领子款式特征与领宽比例关系，绘制这两个立领（图8-7）。

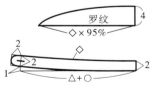

图8-7 领子纸样的细部款式设计

五、纸样整体设计

纸样整体设计见图8-8。在完成所有衣片的制图后，应该进行纸样复核，包括胸围、衣长、肩宽等重点部位尺寸的测量，以及测量复核前后侧缝、前后肩线、袖窿与袖山等分割线长度是否相等。

按照如上所述的款式分析与分步制图方法，将使男装结构设计的过程更加系统化、条理化，有利于提升对男装结构的认识，提高打板的成功率。

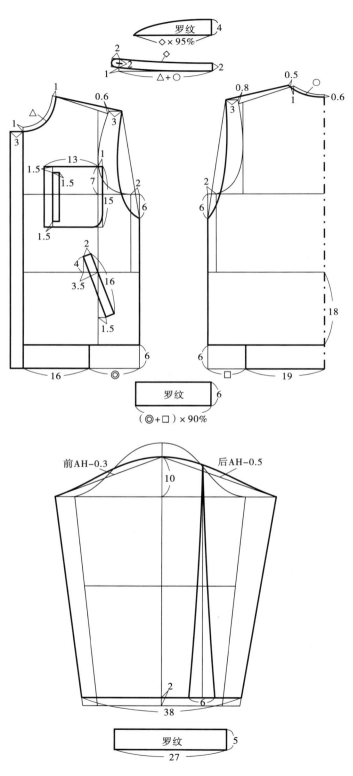

图8-8 纸样整体设计

第二节　男装综合结构设计实例

一、立领短棉衣

　　本款男装是一款适合在冬季穿着的立领短棉衣。虽然外形轮廓较为合体，但考虑到需要内穿衣物和加入絮料，必须在纸样中加入容量，因此棉衣的胸围规格设定为112cm，即在基本纸样的基础上，增加8cm胸围放松量，前、后片侧缝各加放2cm放松量；衣下摆盖过臀围线，设定为在腰围线以下24cm。

　　本款棉衣的立领开口偏向右身，三个贴袋，有腰部穿绳的款式细节设计，在纸样处理中应根据款式特征和比例关系准确绘制（图8-9）。

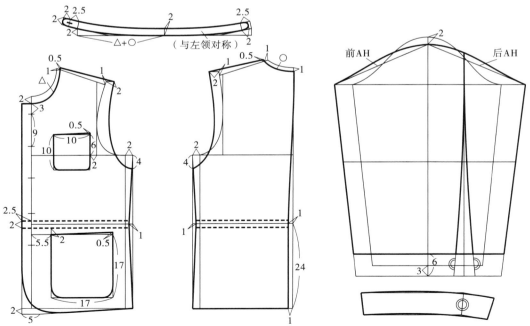

图8-9　立领短棉衣款式图与纸样

二、无领卫衣

本款男装是一款适合在春秋季穿着的无领插肩袖卫衣。卫衣的风格较为宽松舒适，卫衣的胸围规格设定为116cm，即在基本纸样的基础上，增加12cm胸围放松量，前、后片侧缝各加放3cm放松量；衣下摆盖过臀围线，设定为在腰围线以下26cm，其中罗纹宽度为6cm。

本款卫衣在袖子上做了一些装饰设计，如袖中线位置附近贴缝了一条饰带，肘线位置附近设置了一条斜向分割线。纸样处理时应设计出饰带的位置，测量其长度，并设定好斜向分割线的位置（图8-10）。

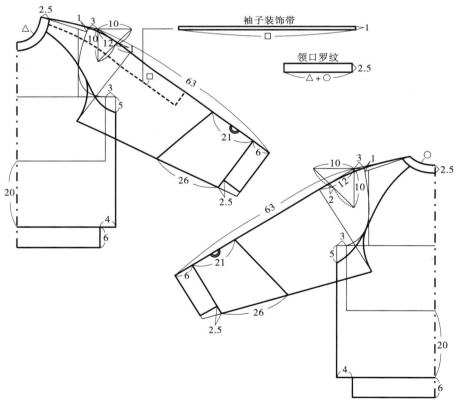

图8-10　无领卫衣款式图与纸样

三、连帽卫衣

本款连帽卫衣是非常经典的男装款式，款式细节包括两片式连身帽、暖手袋、罗纹袖口和下摆边等，廓型宽松，肩线长，落肩效果明显。连帽卫衣的胸围规格设定为124cm，即在基本纸样的基础上，前、后片侧缝各加放5cm放松量；这款卫衣较长，衣下摆设定在腰围线以下34cm，包括6cm罗纹宽度；肩线延长8cm，达到较为明显的落肩效果（图8-11）。

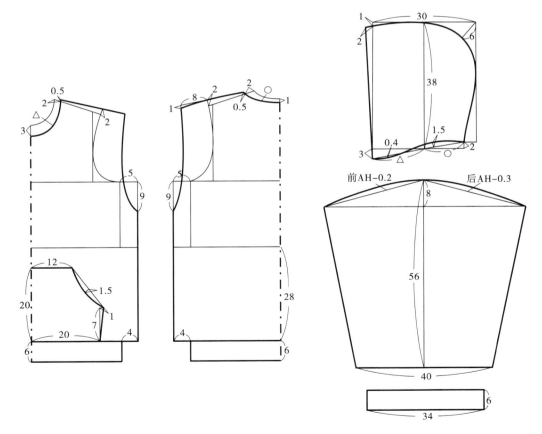

图8-11　连帽卫衣款式图与纸样

四、罗纹领休闲外套

本款罗纹领休闲外套是春秋季常见的款式，胸围规格设定为116cm，即在基本纸样的基础上，前、后片侧缝各加放3cm放松量；衣下摆设定在腰围线以下26cm，包括6cm罗纹宽。这款外套的特别之处在于其袖子采用插肩袖的纸样处理方法，同时，胸袋为立体口袋，需在口袋的三个边缘加出口袋的深度尺寸（图8-12）。

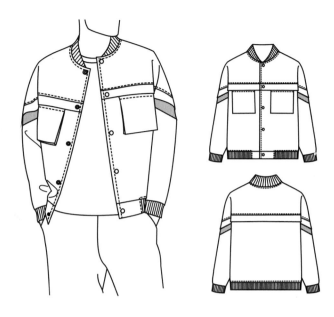

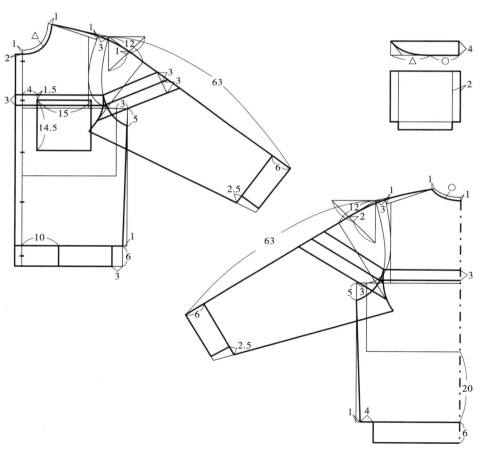

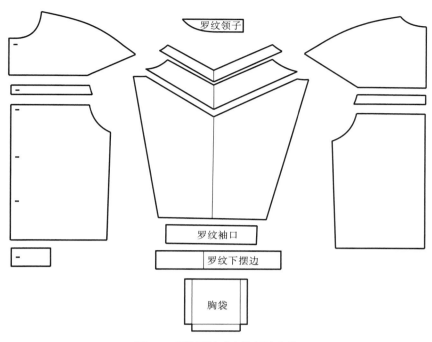

图8-12　罗纹领休闲外套款式图与纸样

五、牛仔外套

本款外套是非常经典的牛仔外套款式，款式细节包括连体翻领、肩育克结构、前胸分割线、有袋盖的胸袋、前后片的纵向分割线等。胸围规格设定为116cm，即在基本纸样的基础上，前、后片侧缝各加放3cm放松量；衣下摆设定在腰围线以下25cm。在纸样处理的时候，应注意横向、纵向分割线位置的比例关系，以及口袋的大小比例等（图8-13）。

图8-13

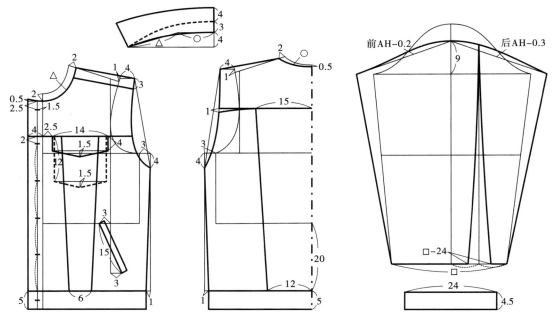

图8-13　牛仔外套款式图与纸样

六、长款风衣

本款风衣款式较为简洁，仅在腰部做了重叠结构和斜插袋的设计。胸围规格设定为120cm，即在基本纸样的基础上，前、后片侧缝各加放4cm放松量；衣下摆的位置在膝盖线附近，因此设定在腰围线以下70cm（图8-14）。

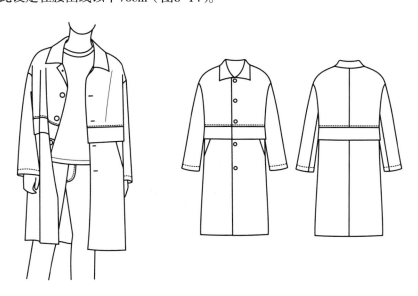

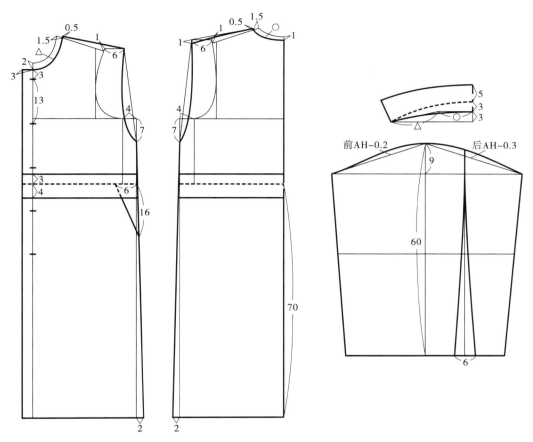

图8-14　长款风衣款式图与纸样

七、中式对襟衫

本款中式对襟衫采用立领、贴袋和弧线下摆设计，胸围规格设定为112cm，即在基本纸样的基础上，前、后片侧缝各加放2cm放松量；衣长略长，符合中式服装宽大的风格，因此设定下摆在腰围线以下30cm（图8-15）。

图8-15

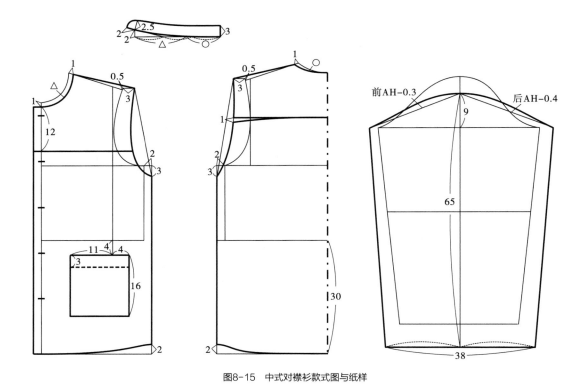

图8-15　中式对襟衫款式图与纸样

八、西装风格休闲外套

　　本款休闲外套采用西装款式，胸围规格设定为120cm，即在基本纸样的基础上，前、后片侧缝各加放4cm放松量；下摆设定在腰围线以下30cm。由于款式风格宽松随意，不必在腰围上收紧太多，因此不设西装的腰省结构，前、后片的腋下分割线收腰量都比较小（图8-16）。

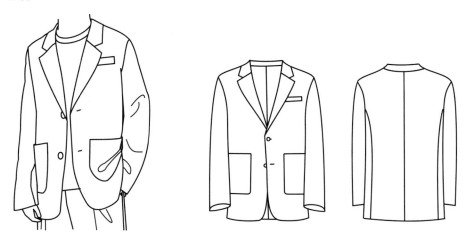

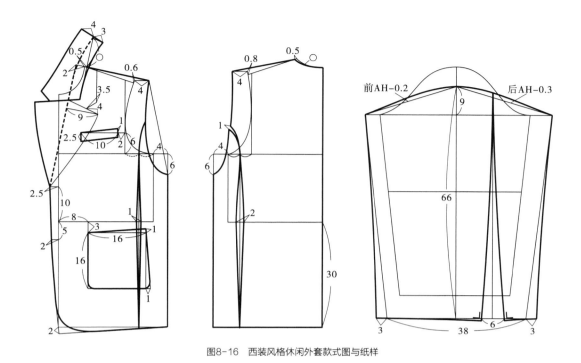

图8-16　西装风格休闲外套款式图与纸样

九、连帽领棉衣

本款连帽领棉衣的款式细节包括三片式连身帽、插肩袖、前胸分割线和斜插袋，胸围规格设定为124cm，即在基本纸样的基础上，前、后片侧缝各加放5cm放松量；下摆设定在腰围线以下28cm。在纸样处理过程中，应注意分割线的位置和口袋的大小比例（图8-17）。

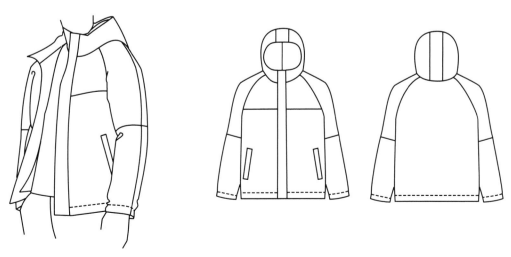

图8-17

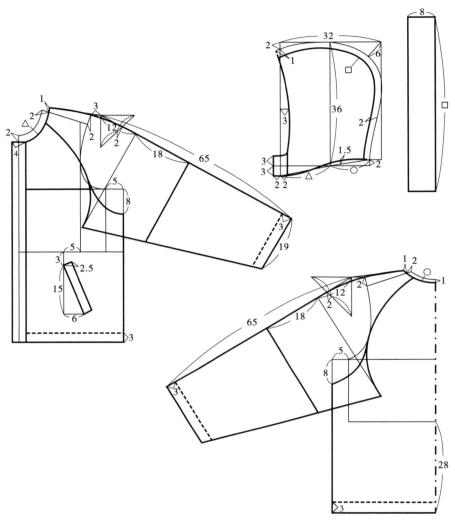

图8-17　连帽领棉衣款式图与纸样

参考文献

［1］刘瑞璞. 服装纸样设计原理与应用：男装编[M]. 北京：中国纺织出版社，2014.

［2］金明玉，金仁珠. 男装结构与纸样设计：从经典到时尚[M]. 高秀明，译. 上海：东华大学出版社，2019.

［3］戴建国. 男装结构设计[M]. 2版. 杭州：浙江大学出版社，2013.

［4］柴丽芳，李彩云. 女装结构设计[M]. 2版. 上海：东华大学出版社，2020.